LOCUS

LOCUS

LOCUS

LOCUS

from 111

相對論百年故事
全新增訂版
General Relativity: A Centennial Perspective

主編：中華民國重力學會
作者：余海禮 等
責任編輯：吳瑞淑
校對：呂佳真
美術編輯：何萍萍、林婕瀅
封面設計：三人制創、林育鋒
出版者：大塊文化出版股份有限公司
台北市105022南京東路四段25號11樓
www.locuspublishing.com
電子信箱：locus@locuspublishing.com
讀者服務專線：0800-006689
TEL：(02) 87123898 FAX：(02) 87123897
郵撥帳號：18955675　戶名：大塊文化出版股份有限公司
法律顧問：董安丹律師、顧慕堯律師
版權所有　翻印必究

總經銷：大和書報圖書股份有限公司
地址：新北市新莊區五工五路2號
TEL：(02) 89902588（代表號）　　FAX：(02) 22901658
初版一刷：2015年9月
二版二刷：2020年12月

定價：新台幣350元
Printed in Taiwan

from
vision

相對論
百年故事

General Relativity: A Centennial Perspective

全新增訂版

中華民國重力學會　　主編

Contents 目次

3

黑洞 / 卜宏毅、林世昀、曹慶堂

4

重力波與數值相對論 / 林俊鈺、游輝樟

5

物理中的時空概念 / 江祖永

6

時間、廣義相對論及量子重力 / 余海禮、許祖斌

序一：廣義相對論一百年

百年前，英國哲學家羅素應梁啟超、張東蓀等人的邀請，首次把當時萌芽不久的愛因斯坦關於牛頓萬有引力的新典範——廣義相對論（簡稱廣相）介紹到中國。經過了數代人的努力與承傳，百年後的今天，我們這一代的廣相研究社群，終於能夠廣泛地在廣相各個相關領域及議題中，諸如彎曲時空的黑洞物理、起始數據問題、數值廣相、時空的哲學分析及重力的量子化……等問題上，做出點以致面的歷史性貢獻。

百年來用英文（及其翻譯）書寫有關廣相的科普書雖不至於汗牛充棟，卻也不勝枚舉；但以原生的中文廣相科普闡述臺灣廣相研究社群創作的結果，卻是科普史上的首次。本書的結集出版，不單是臺灣廣相研究社群（或更廣義地稱作重力研究社群）在繼往開來的行動中的里程碑，更是一次向世界自信地展現自我觀點的實現。本書除了是介紹廣相的一般科普書籍，我們也自我期許，將本書視為人類文明史上一本重要的歷史文獻。

廣相乃是對關於我們賴以生存的波瀾壯闊的宇宙本身，及其中抽象的時間、空間學問的研究，既真實又基本。書中的文章，除了呈現廣相神祕有趣的各個面向外，更試圖架構一幅超越百年前由愛因斯坦一手建立的宇宙圖像及典範；尤

其是在關於能量密度及時間的概念上，更是直指廣相內在的矛盾核心，嘗試一舉解開其內在的邏輯謬誤。

　　書中每位作者都盡最大可能地運用最簡單有趣的言詞及例子，介紹廣相的各種深奧問題及概念；但我們認為當真理簡單到不能再簡單時，就不應刻意強求簡單，以致扭曲了真理的本貌。同時，本書作為一份歷史文獻，也就無可避免地牽涉到一些超越我們這個時代的概念；讀者如一時無法消化，可以默記心中，時間終將會讓今日難以完全言喻的真理，在日後呈現真相。為了彌補可能的缺失，未來的一年內，只要國內超過三十人的讀書會向中華民國重力學會提出解說申請，我們承諾將派出會員解說書中內容。

　　感謝大塊文化鼎力相助，出版這可能賠本的集子。當然，這集子說不定會成為讀者們將來的傳家墨寶。

中華民國重力學會理事長
中央研究院物理研究所研究員
余海禮

序二：迎向第二個百年

廣義相對論是 20 世紀對人類文明影響最大的自然科學理論之一，2015 年是愛因斯坦創立廣義相對論的一百週年。

在這個非同尋常的一百年內，廣義相對論取得了意想不到的、令人驚喜的長足發展和進步。首先，作為以實驗為基礎的物理學的一個重要分支，廣義相對論從剛剛創建時的三大經典實驗驗證開始，百年來已經非常漂亮地經受住了每一個實驗的檢驗，大獲全勝，當前及不久的將來，精度更高和難度更大的許多實驗還將繼續進行。其次，從上個世紀 60 年代用黑洞成功地解釋類星體開始，加上愛因斯坦方程在宇宙學中的成功應用，廣義相對論已經愈來愈被天文學家所重視。第三，隨著 GPS 的推廣應用，狹義和廣義相對論已經進入了人們的日常生活。可以預期，人類高精密測量技術的發展，將很快地實現重力波的直接探測。屆時，重力波測量將和電磁波測量一起為人們帶來宇宙的資訊，特別是早期宇宙和黑暗宇宙部分的資訊。回想這一系列的發展，讓我們聯想到一個個偉大的名字：愛因斯坦、希爾伯特、愛丁頓、史瓦西、克爾、邦迪、弗里德曼、錢卓塞卡、霍金、潘若斯……

臺灣和中國大陸近年來對廣義相對論與相對論天體物理學的研究，也取得了巨大的進展。中國學者沈志強利用

VLBI，精確觀測到了銀河系中心超大質量黑洞的情況；臺灣學者馬中佩發現了當時所知道的最大質量的兩個黑洞，每個質量約為太陽的 100 億倍；中國學者吳學兵更是在距離地球 128 億光年處，發現 120 億個太陽質量的黑洞；這一系列激動人心的發現，既顯示了我們在廣義相對論與相對論天體物理學研究中的長足發展，也預示著廣義相對論與相對論天體物理學，接下來在自然科學發展中的蓬勃勢頭。

為了紀念廣義相對論創建一百週年，中華民國重力學會編寫並出版了這本文集。雖然只包含六篇短文，但都具有很高的閱讀價值：〈廣義相對論百年史〉一文，講述了愛因斯坦與合作者創建廣義相對論的歷程，一個個故事讓我們重溫前輩們發展基礎理論的艱辛。〈宇宙學百年回顧〉除了回顧大霹靂學說的緣起，更前瞻地預測了太初重力波所扮演的重要方向與角色。〈黑洞〉一文介紹了廣義相對論、天文學、量子力學、量子重力、資訊理論、凝態物理等物理學中的基本問題，如何與黑洞關聯到一起。重力波是廣義相對論除黑洞外的另一個重要理論預言，〈重力波與數值相對論〉一文清晰地描述了如何結合數值相對論和重力波探測儀器，以直接測量重力波的原理和方法。什麼是時間，什麼是空間？〈時間、廣義相對論及量子重力〉和〈物理中的時空概念〉兩篇短文，為我們提出了精彩的思辨性討論。

　　廣義相對論的第一個一百週年即將逝去，我們將迎來廣義相對論的第二個一百週年。崇尚科學、追尋真理的讀者們，定能在本文集的鼓舞和影響下，回顧前輩們發展科學理論的艱辛歷程，循著他們的腳步不斷前進，繼往開來，進一步挖掘時間和空間的深刻含義，揭開黑洞特別是奇異點的奇妙面紗，探索宇宙演化的深層奧祕。我相信，在這個即將到來的新的一百週年裡，海峽兩岸的青年讀者們，定能與世界同行一起為發展廣義相對論與相對論天體物理學辛勤研究，攜手合作，共創佳績。

國立成功大學物理系教授
游輝樟

序三：歷史回顧與展望

　　20 世紀影響人類文明最大的自然科學理論之一就是廣義相對論的發現。2015 年是愛因斯坦創立廣義相對論一百週年。為了紀念這一重大的自然科學進展，臺灣重力研究團體編寫了本文集。

　　本文集包括對廣義相對論的歷史回顧，對黑洞和現代宇宙學的綜述，對重力波和數值相對論的介紹，以及對物理學中時空概念與量子重力的探討。

　　中央大學物理系的聶斯特（James Nester）教授和陳江梅教授，對廣義相對論百年歷史做了非常精彩的回顧。該文講述了愛因斯坦同其合作者建立廣義相對論的歷程，介紹了愛因斯坦和希爾伯特獨立發現愛因斯坦方程的故事；他們也曾為爭論誰先發現愛因斯坦方程而不愉快過，最終他們的友誼戰勝了爭執，兩人在愛因斯坦方程建立過程中不可磨滅的貢獻，也獲得人們的公認。本文還講述了觀測重力場彎曲光線的故事，宇宙學常數在廣義相對論理論發展歷程中的戲劇化過程，以及重力波存在性問題的曲折討論歷程。重力能量在廣義相對論中是一個非常微妙的問題，文中描述了愛因斯坦探討這個問題的故事。統一場論是愛因斯坦在建立廣義相對論後投入極大精力研究的課題，作者亦講述了愛因斯坦關於統一場

論研究的一系列故事。

黑洞是廣義相對論理論最重要的概念性預言之一。黑洞理論的研究發展到今天，廣義相對論、量子力學、量子重力、資訊理論、凝態物理等物理學中的基本問題，均與黑洞有所關聯。在天文觀測中，超大質量黑洞和恆星級質量黑洞的存在已得到確認。而且黑洞被認為是宇宙中諸如類星體等天體的能量來源，黑洞是高能吸積、噴流等的核心動力。此外，黑洞的成長還被認為與同星系的演化、以及宇宙的大尺度結構形成間有著密切的關係。中研院天文及天文物理研究所的卜宏毅研究員、彰化師範大學物理系的林世昀教授和淡江大學物理系的曹慶堂教授，對黑洞的這一系列問題做了極好的綜述。該文從黑洞概念在廣義相對論中的出現開始講起，一步一步深入到黑洞的事件視界、黑洞的奇異點等艱深的理論問題。接下來並對天文觀測的黑洞做了介紹，描述黑洞同吸積盤和噴流的關係，最後更對黑洞熱力學以及黑洞資訊等問題做了深入介紹。

宇宙論是廣義相對論一個成功應用的典範。廣義相對論在宇宙論中的應用，把一個曾經只能用神學探討的話題，變成一個自然科學的課題。結合人類高新技術的發展，宇宙學發展到今天已變成高精密宇宙學。到目前為止，宇宙學已獲得1978年的宇宙微波背景、2006年的宇宙微波背景各向異性、

2011 年的宇宙加速膨脹三項諾貝爾物理學獎。臺灣師範大學的李沃龍教授和東吳大學物理系的巫俊賢教授所著的宇宙學短文，從哥白尼原理談起，通過對時空概念的引入，介紹現代宇宙學的發展。文中對宇宙學常數問題、加速膨脹問題、宇宙大尺度結構形成問題等，做了生動的講解；還對宇宙起源的大霹靂問題做了深入介紹，該問題不僅是個宇宙學問題，還把量子理論和重力理論連到了一起。同時，早期宇宙產生的重力波，很可能在不久的將來被觀測到，屆時，這些測量結果將改變當前量子重力理論純理論研究的狀態。我們也可以預期，到時很可能會有很多新的物理展現出來。

重力波是廣義相對論除黑洞外另一重要的理論預言。如聶斯特教授和陳江梅教授所描述，重力波存在性在理論上的探討，於歷史上有過非常曲折的經歷。最終邦迪等人的論述確定了其原則上的存在性。後來泰勒等人通過雙脈衝星觀測，提出重力波存在的間接證據；泰勒等也因此而獲得諾貝爾物理學獎。在這廣義相對論建立一百週年之際，世界上重力波探測最靈敏的探測器 Advanced LIGO 已基本建立完畢。其測量精度可達到 10^{-23}，逼近量子力學的標準極限，實現了人類空前的高精度長度測量。在後文將證實，重力波訊號已被直接觀測到。國家實驗研究院高速網路與計算中心的林俊

鈺研究員和成功大學物理系的游輝樟教授，對重力波做了極好的、饒有趣味的通俗性介紹。為了提高重力波探測的能力，增強硬體的測量靈敏度是一個方面；在既定硬體的基礎上，建立好的重力波波源模型，是提高重力波探測能力的另一方面。現實的重力波源涉及超強重力場、強動態時空區域，而且幾乎無對稱性存在。這些特點使得數值計算的方式，成為重力波波源建模的幾乎唯一可行辦法。但即使是數值計算，愛因斯坦方程依然是極難處理的問題。數值相對論這個研究方向也應運而生。如何讓數值計算穩定、讓計算具有高精度、讓計算具有高效率以滿足實際波源建模的需要，是數值相對論研究的核心問題。林俊鈺研究員和游輝樟教授對這些問題做了深入淺出的描述。

狹義相對論是協調電動力學方程與伽利略變換的矛盾而產生的理論；廣義相對論是協調牛頓萬有引力理論和狹義相對論勞侖茲變換間的矛盾而產生的理論。但廣義相對論特有的時空觀同量子力學之間的矛盾，至今仍是一個謎。中研院物理所的余海禮研究員和成功大學物理系的許祖斌教授，為我們講述了時間、廣義相對論及量子重力的故事，帶著我們回顧了愛因斯坦建立廣義相對論過程中，關於時間的思辨。該文也為我們描述了鮮為人知的、愛因斯坦的諾貝爾獎同中國上海的不解之緣。廣義相對論的時空觀同量子力學的矛盾

是突出的，該文為我們介紹了一種新的思考方式，也許量子重力比時間的概念更基本，時間只是量子重力自然而然的結果？！余海禮研究員和許祖斌教授在該問題上提出了非常精彩的思辨性討論。

　　廣義相對論的時空概念優美而引人入勝。但同時，像余海禮研究員和許祖斌教授講述的那樣，這個時空概念的玄妙又讓人捉摸不透。什麼是時間，什麼是空間？中央大學物理系的江祖永教授為我們探討了物理學中的時空概念，對牛頓的時空觀做了深入介紹，並探討了質點動力學描述同牛頓時空觀的關係。江教授接下來描述了廣義相對論的時空觀，並探討了該時空觀同場論動力學的內稟關係。通過對比場論動力學與質點動力學，他比較了牛頓時空觀和廣義相對論時空觀的直觀性。兩者的直觀性有所不同，但作為確定性的存在，兩者的直觀性是人們容易理解和接受的。相反地，量子物理世界的不確定性，把問題完全推向了不可理解。量子重力理論的時空觀，勢必同量子物理的不確定性相關聯。江祖永教授為我們講述了這種不確定性時空觀的理論思辨。

　　本文集正好趕在愛因斯坦創立廣義相對論一百週年之際。崇尚科學、追尋真理的讀者們，定能在本文集的帶領下，回顧前輩們發展科學理論的艱辛歷程，循著他們的腳步繼續往前，追尋時間、空間的奧祕，探索黑洞神奇的時空結構；循

著重力波攜帶的資訊，探索宇宙演化的奧祕。

中華民國重力學會

中華民國重力學會
學會的宗旨及任務，乃在推動各個相關的重力事業及研究。
編譯重力圖書及發行期刊，修訂重力名詞。
獎勵重力科學著述及發明，參加及舉辦國內外重力科學活動。
聯繫國際重力科學活動及國際重力學家。

1

廣義相對論百年史

聶斯特、陳江梅

　　愛因斯坦（Albert Einstein, 1879-1955）是少數具有極高公眾知名度的偉大物理學家，美國的《時代雜誌》（*Times*）在1999年推選他為「世紀偉人」（person of the century）。愛因斯坦在物理學上做出了許多劃時代的貢獻，例如1905年，年輕的他就獨立完成了許多開創性的成果，其中有關光電效應（photoelectric effect）的論文，則是開啟量子物理（quantum physics）大門的關鍵性成果，也使他獲得了1921年諾貝爾物理獎的桂冠；他是在前往日本訪問途中，於開往中途停靠點上海的旅行船上獲知此消息。

　　然而，對一般大眾來說，愛因斯坦最著名的研究成果就是相對論。他在1905年完成了「狹義相對論」（special relativity），討論等速運動系統的物理特性，其中由光速不變性的假設所推論出來的「時間膨脹」（time dilation）、「長度縮收」（length contraction）等等奇特效應，可以說是理論物理中十分令人著迷的現象。不過，綜觀愛因斯坦的科學成就中，描述重力作用的「廣義相對論」（general relativity），毫無疑問的是物理學中最激動人心的智慧結晶，讓我們聽聽來自三位諾貝爾獎得主物理學家對廣義相對論的讚譽：

　　狄拉克（Paul Dirac, 1902-1984）說：「這可能是有史以來最偉大的科學發現。」玻恩（Max Born, 1882-1970）說：「廣義相對論的基礎對我而言，直到現在仍然是人類思維上有關

自然的最偉大壯舉，是哲學洞察力、物理直覺和數學技巧最驚人的組合。」蘭道（Lev Landau, 1908-1968）則說：「它應該代表全部現有的物理理論中最美麗的部分。」

2015 年是廣義相對論的 100 週年誕辰，在這個值得紀念的時間點，我們將藉由這篇文章，介紹一些關於廣義相對論的發展歷史。對於愛因斯坦的生平事蹟，坊間已出版了許多非常好的傳記書籍，我們將不再多所著墨。此外，愛因斯坦的研究課題所包含的領域很廣泛，本文將只著重於愛因斯坦在廣義相對論及其相關領域研究的思路歷程，至於他在其他領域的重要工作，則不在本文的討論範圍。

探索新視界：廣義相對論的發展

愛因斯坦在大學時期是一個相當古怪的學生，常常翹課、成績並不突出，最後勉強達到畢業門檻；他大部分的時間和精力，均致力於獨立研究物理學中最前沿的問題。愛因斯坦自己說過，他曠課的時間絕大部分待在家裡，以宗教狂熱的熱誠學習理論物理。至於考試，愛因斯坦則依賴他的同學格羅斯曼（Marcel Grossmann, 1878-1936）在上課時所做的筆記。

因為愛因斯坦的經常缺課，再加上時常不夠尊重師長的態度，使得他在授課老師心中留下不良的印象。他的物理學教授韋伯（Heinrich Friedrich Weber, 1843-1912）曾經責備他說：「你是一個很聰明的孩子，愛因斯坦，非常聰明的孩子，但是你有一個很大的缺點，就是永遠聽不進去別人對你說的任何事情。」

事實上，在小學至高中時期，愛因斯坦是個好學生，特別是他在數學上的表現曾受到高度的關注。但是，當他考上了蘇黎世聯邦理工學院（Federal Polytechnic Institute in Zurich）後，愛因斯坦對課業方面則採取知道就好的態度。例如，他很少專注於閔可夫斯基（Hermann Minkowski, 1864-1909）教授的課程，甚至翹掉很多他的課。閔可夫斯基曾經稱愛因斯坦為「懶狗」。許多年後，關於狹義相對論的發表，閔可夫

斯基的評論是「我真的不敢相信他能夠做到」。

　　廣義相對論所討論的，是自然界中的重力作用。重力，也就是萬有引力，是最為人類所熟知的作用力，我們很容易地就能觀察到周遭物體總是向下掉落的現象，這就是地球所產生的重力作用結果。牛頓（Isaac Newton, 1642-1727）首先理解到，萬有引力不單單只是造成地球上萬物會向下掉落的原因，也是天體中星球運行的作用力來源。他寫下了質量如何產生重力的萬有引力公式，再加上他所提出的物體運動必須服從的三大運動定律，構成了牛頓力學的體系，主導我們對物理的認知達數百年；直到愛因斯坦相對論的奠定，我們對這個物理領域的理解，才又往前跨出了重要的一步。而廣義相對論就是牛頓萬有引力理論的推廣。

　　愛因斯坦廣義相對論的理論基礎，起源於一個稱為「等效原理」（equivalence principle）的基本概念。這個想法出現在 1907 年，根據愛因斯坦的說法，他是某天坐在伯恩專利局辦公室裡得到了這個靈感。等效原理的基本概念很簡單，就是當一個人在自由墜落（free falling）的時候，他是感受不到自己的重量的。自由墜落是一個加速的運動狀態，而物體的重量則是重力作用的結果；因此，等效原理表明了這兩個物理現象間有一定的關聯性，也就是重力作用原則上是等價於加速度。這個想法給了愛因斯坦很深的啟發，引導他建立一

個革命性重力理論的方向。愛因斯坦甚至曾經說過，等效原理是一輩子中令他感到最快樂的想法。

　　以等效原理為基礎出發，愛因斯坦開始逐步地建構廣義相對論的殿堂；當然，這個過程不可能一蹴可及，途中遭遇了重重的困難。從 1907 年等效原理的想法出現開始算起，直到 1915 年底廣義相對論的誕生，在這八年的光陰中，愛因斯坦做過了許多不同的嘗試，在錯誤中修正自己的方法，有時答案幾乎已在眼前，可惜卻因為某個錯誤的理解而失之交臂。在廣義相對論發展的時期，愛因斯坦的職業，也從伯恩的專利局職員，轉變成蘇黎世大學的理論物理副教授、布拉格大學教授，最後又回到了蘇黎世理工大學。

　　等效原理指出，重力可以被看成是加速度，因為重力在空間中無所不在，所以必須引進適當的物理量來表示「加速度場」。此外，狹義相對論提出了一個重要的新概念，在牛頓力學體系中的一維時間和三維空間不再是各自獨立的。勞侖茲（Hendrik Lorentz, 1853-1928）已經提出了兩個相對等速運動的觀測者間，所測量到的時間和長度的轉換關係，也就是說，時間和空間必須被看成一體，形成一個稱為「時空」（spacetime）的概念；閔可夫斯基提出適用於狹義相對論的四維時空數學架構；而愛因斯坦則首先在四維平直時空上思考新的重力理論。在布拉格時期，他嘗試相對簡單的純量（scalar）

理論，他將光速視為一個空間的函數，並預期這個純量函數
會如同牛頓萬有引力理論中的重力勢一樣，可以表示重力場
的大小。

不過，這個嘗試最後並沒有成功，而且愛因斯坦也開始
理解到，單單只用一個純量不足以表示重力作用。在從布拉
格回蘇黎世的前後，他已經開始考慮重力的張量（tensor）理
論，思考使用時空的度規（metric）來描述重力場。在四維的
時空，度規是一個四乘四的對稱矩陣，所以有十個分量，決
定時空中長度和角度的大小。以直覺的圖像來說明愛因斯坦
的新方案，就是用時空的彎曲程度，來表示重力場的大小。
時空彎曲愈大的地方，加速度愈大，也代表重力愈強。

一個完整的重力理論包含兩個部分：第一部分需要知道
物質如何產生重力場，在牛頓的理論中亦即萬有引力方程。
第二部分是重力場如何作用在物體上，因而改變物體的運動
狀態，在牛頓的理論中就是第二運動定律。在廣義相對論彎
曲時空的架構下，重力如何作用在物體的部分是相對容易解
決，物體在彎曲時空中運動所走的是最短路徑，而最短路徑
在數學上可由測地線方程（geodesic equation）算出。因此，
廣義相對論的建構中最核心的問題，就是必須推導出物質如
何彎曲時空的重力場方程。

儘管愛因斯坦對於建立新的重力理論的物理直覺是清

晰而深刻，但是要將他的想法具體地實踐出來，需要一個全新的數學架構。討論彎曲時空結構現在稱為「微分幾何」（differential geometry）的數學工具，便成了廣義相對論所需要的數學平臺。但不幸地，愛因斯坦一開始並不十分熟悉微分幾何，以至於遲遲無法構建出一個具有一致性的理論。回到蘇黎世後，他向同學格羅斯曼再次尋求幫助，他向老同學拜託：「格羅斯曼，你一定要幫幫我，否則我會瘋了。」

愛因斯坦開始和格羅斯曼合作，埋首於廣義相對論的建構，這段期間有關愛因斯坦的思想脈絡和工作內容，均詳細地記載於被稱為「蘇黎世筆記」（Zurich notebook）的檔案中。經過了一段時間的努力，愛因斯坦和格羅斯曼終於在 1913 年發表了著名的「綱要」（Entwurf）論文（完整論文題目為 Outline of a Generalized Theory of Relativity and of a Theory of Gravitation），這篇論文分為物理與數學兩部分，分別由愛因斯坦和格羅斯曼撰寫。

然而，他們兩人在這篇論文中都犯下了錯誤，而這些錯誤全是起源於對彎曲時空的數學沒有能夠全盤掌握。在這個新的數學領域，大數學家黎曼（Bernhard Riemann, 1826-1866）雖然早在 1854 年曾發表他在彎曲空間幾何的研究成果，但對愛因斯坦和格羅斯曼這樣的新手來說，只能透過可獲得的數學文獻，特別是義大利的數學家如里奇－庫爾巴斯

托羅（Gregorio Ricci-Curbastro, 1853-1925）以及列維－奇維塔（Tullio Levi-Civita, 1873-1941）、比安基（Luigi Bianchi, 1856-1928）等人的論文，對彎曲空間的數學工具有粗略的理解；但是，他們尚未完全了解彎曲時空的數學公式之真正意涵，以及在他們新的重力理論當中所扮演的角色。

一個張量形式的重力場方程式，必須建立起物質和彎曲時空幾何的物理關係，對於物質的部分，在狹義相對論之後，物理學家已經知道能量（即質量）與動量在等速座標變換下的轉換關係，並且將它們統合成為二階的「能動張量」（energy-momentum tensor），而能動張量就是產生重力場的根源。對於彎曲時空的部分，因為度規代表重力場勢，所以預計它的二次微分會出現在重力場方程式中，滿足這個要求的候選者包含有：表示時空曲率（curvature）的四階黎曼張量（Riemann tensor）和它的可能「縮併」（contraction），包括二階的里奇張量（Ricci tensor）及曲率純量（scalar curvature）。

格羅斯曼知道幾何的里奇張量和物質的能動張量都是二階張量，並且都各有十個分量，正因為這些吻合的特性，很自然地，他提議廣義相對論的基本重力場方程為里奇張量等於能動張量（除了一個比例常數，我們將它忽略以簡化討論）。這個提議已經很接近答案了，但可惜還是不正確。如果他們更仔細地分析這個方程的特性，應該有可能可以糾正其中的

錯誤。這個公式的最大問題是它的不自洽性，也就是說，這是一個不可能的等式。在幾何的部分，黎曼張量必須滿足一個現在稱為「比安基恆等式」的約束，如果將這個約束套在格羅斯曼所提議的重力場方程式上，就會發現得到的結果和物質必須符合的能量和動量守恆定律相衝突。

當然，這個矛盾對愛因斯坦和格羅斯曼來說不是顯而易見的，他們的計算和推理可不很簡單，而且在當時比安基恆等式也並不是眾所周知，除了義大利之外，幾乎並不為人所熟知。不只是格羅斯曼和愛因斯坦不知道，公平地來說，在他們的論文發表之前，當時德國的數學家，無論是希爾伯特（David Hilbert, 1862-1943）、克萊恩（Felix Klein, 1849-1925）或是外爾（Hermann Weyl, 1885-1955），都不會比愛因斯坦和格羅斯曼知道的更清楚，在那個時候可能只有列維－奇維塔知道這個恆等式。不過，我們還是應該說愛因斯坦是幸運的，因為格羅斯曼知道的數學知識，足以完成一個良好的廣義相對論初始「綱要」。

當時愛因斯坦認為他們的理論還有另一個缺陷，他們的方程似乎有個「洞」，愛因斯坦所謂「洞」的論點就是，對於給定的重力場源，他們的方程似乎不能決定「唯一」的彎曲時空幾何形狀。此時，愛因斯坦尚未能理解到這個「洞」其實只是一個虛構的想像，時空幾何事實上是唯一的，但它

在數學上的表象是依賴於所採取的座標系統。愛因斯坦企圖在方程式中修復這個想像的缺陷，而這些徒勞無功的追求，使他發表了許多錯誤版本的重力場方程式，並花費了他幾年的光陰。正如他自己後來承認，他的一系列重力論文，事實上是繞了一連串的彎路。

除此之外，新的重力理論在弱場的近似下，必須符合牛頓的萬有引力公式，愛因斯坦在一開始認為重力場的強度，主要來自度規的時間分量，而並沒有理解到度規空間的分量也會有相同大小的貢獻，這個錯誤同樣困惑了愛因斯坦一段時間。在此同時，愛因斯坦還希望被觀測到的水星橢圓軌道「超額進動」（excess precession），也就是超出牛頓埋論所估算出來的進動角，可以被新的重力理論解釋。為了計算他的重力理論所產生的水星軌道的進動大小，愛因斯坦邀請他的朋友貝索（Michele Besso, 1873-1955）來幫忙。

在蘇黎世理工學院，貝索是一位優秀的學生，受到了更好的數學訓練。關於水星軌道進動角的計算雖然非常冗長而繁複，但是很直接。最後得到的結果並沒有給愛因斯坦帶來愉悅，該計算得到的進動角，只有實際觀測超額進動角的一半左右，而愛因斯坦還未理解到，這是因為他忽略了度規空間分量貢獻的關係。愛因斯坦對這令他失望的結果保持沉默，將它深藏在抽屜裡；直到 1915 年，當愛因斯坦改進了他的重

力理論，並且清楚了解問題的癥結，便能很快地重新計算，
並得到他所期待的數值，符合觀測結果。

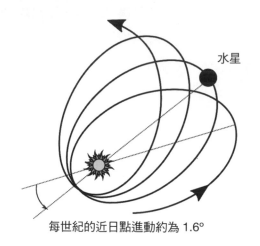

圖 1- 1：水星軌道進動。

物理與數學的火花：廣義相對論誕生

廣義相對論的誕生，也就是推導出正確的重力場方程式，
發生在 1915 年的 11 月，那一個月份，愛因斯坦分別在 4 日、
11 日、18 日和 25 日發表了有關廣義相對論的論文，從考慮
比較簡單的特殊系統再推廣到一般情形，逐步改進結果，而
正確的重力場方程式則出現在 25 日的論文中。

　　愛因斯坦意識到 1913 年與格羅斯曼「綱要」論文中的那次嘗試幾乎是正確的，其中所缺乏的是如何正確地將公式中的時空曲率和質量分布關聯起來。起初，他也重蹈了格羅斯曼的錯誤，只專注於將不同形式的里奇張量組合對應到物質的能動張量，當然，所得到的理論依然是不自洽的。愛因斯坦後來發現到了這個矛盾，並試圖修正。在 1915 年 11 月的論文中，從比較特殊簡單的能動張量形式開始，一步步地修正他的理論，並在 25 日的論文中提出了正確的重力場方程式。

　　重力場方程式中的幾何部分，除了里奇張量外，還需要加上一項包含曲率純量的貢獻，將曲率純量乘上同是二階張量的度規，正是在「綱要」論文中所欠缺的部分。最後，將里奇張量、曲率純量和度規張量做一個特定的組合，定義了現在稱為愛因斯坦張量（Einstein tensor）的二階張量，而重力場方程，被稱為愛因斯坦方程，便是時空幾何的愛因斯坦張量等於物質的能動張量（忽略了比例常數）。這組方程告訴我們物質的分布如何造成時空的彎曲，時空彎曲的程度經由測地線方程給出加速度，而根據等效原理，我們就知道重力作用大小。

　　愛因斯坦很快地重新考慮了太陽周邊時空的彎曲，如何影響行星運動和光線的傳播。他重複了三年前和貝索關於水星軌道近日點進動的計算，很高興地發現，得到的結果和天文

上已知的觀測數據是相符的。他也重新計算了光線通過太陽附近，因重力場的影響所造成的路徑彎曲，修正了他在1911年的預測結果，新的計算數值是先前結果的兩倍大。

希爾伯特有關重力場方程式的論文，也是在這個時間點完成，所以一直都有到底是誰先得到重力場方程式的爭論。愛因斯坦首次提出正確的重力場方程是在1915年11月25日，但就在五天之前，也就是11月20日，著名的數學家希爾伯特在哥廷根（Gottingen）的報告中，介紹了他對廣義相對論的研究成果。希爾伯特的研究主要目的是考慮重力與電磁力的整合模型，他從作用量（action）出發，利用變分原理（variational principle），進而分析理論的數學性質。

變分方法是在牛頓力學系統中被建構出來的，希爾伯特將它用到重力與電磁的整合理論上。作用量是個純量，而且當時已經知道電磁場的作用量形式。對於幾何所代表的重力部分，希爾伯特很自然地猜測它的形式是曲率純量對時空的積分，將此作用量對度規做變分，就可得到電磁場產生重力場的愛因斯坦方程式。這是一個非常簡潔、漂亮的方法。關於希爾伯特報告內容的論文，則正式發表於隔年3月，在論文的印刷版本中，希爾伯特也推崇了愛因斯坦：「重力微分方程，在我看來，符合愛因斯坦在他的論文中所建立的廣義相對論大綱。」

　　愛因斯坦和希爾伯特論文發表的時間十分接近，導致了誰先孰後的爭議：發現重力場方程式應歸功於愛因斯坦還是希爾伯特？有些物理學家和科學史家認為希爾伯特首先發現重力場方程式，而愛因斯坦則是在幾天之後獨立地發現了它。

　　希爾伯特參與廣義相對論的研究是始於 1915 年 6 月，那年夏天，愛因斯坦訪問了哥廷根，並發表了一系列演講介紹他的重力理論。他和希爾伯特對理論中的問題進行深入地討論。這是他們首次碰面，愛因斯坦對希爾伯特有高度的好感，他曾說過：「我在哥廷根的一個星期，認識了並且喜愛他。我舉行了六次兩小時長的演講介紹新的重力理論，最讓我高興的是我完全說服了那裡的數學家。」

　　在接下來的幾個月，希爾伯特深入研究關於愛因斯坦的理論，他很快就找到了一個優雅的數學處理方法。他寫信告訴愛因斯坦他的研究成果，而愛因斯坦則要了希爾伯特的筆記與計算的副本。愛因斯坦在 11 月 18 日前顯然收到了這些筆記副本，因為就在這一天，他回覆希爾伯特說：「你所建立的系統，據我觀察，與我在最近幾個星期發現、並且在學院報告的結果是完全一致的。」沒有證據可以判斷希爾伯特給愛因斯坦的筆記中，是否已有愛因斯坦方程，如果有，那麼愛因斯坦就是在自己提出這個方程（11 月 25 日）前就已經知道結果。

　　另一方面的說法是，明確的重力場方程式事實上並沒有出現在希爾伯特給愛因斯坦的筆記副本裡，甚至也沒有在他11月20日的報告中，希爾伯特是在稍後的論文校對過程中、且是在看了愛因斯坦的論文後，才將愛因斯坦方程式加入他的論文當中。這兩種看法，在1997年哥廷根大學圖書館公布有關希爾伯特在12月6日所做的論文校對相關文件後，更添加神祕色彩。

　　希爾伯特的校對版論文內容和最後正式發表的版本有些不同，最特別的是，在校對版文件中，可能包含愛因斯坦方程式的半頁手稿被人撕走了。這種狀況使得真相更加撲朔迷離，陰謀論的說法層出不窮：難道是愛因斯坦的支持者摧毀證明方程存在的證據？抑或希爾伯特的支持者想要掩蓋方程式不存在的事實？希爾伯特的變分方法，原則上可以得到愛因斯坦方程式，但是，這個變分推導是很複雜的，希爾伯特當然有能力完成計算，問題是他是否在11月20日的報告前就明確地推導出愛因斯坦方程式，還是他在後來才加到正式發表的論文裡。

　　無論真相為何，愛因斯坦和希爾伯特對廣義相對論的建立，都扮演者極其關鍵的角色。愛因斯坦的物理圖像清晰，動機明確，雖然所需的數學基礎和一些疑惑困擾了他許多年，但終究達到目的；希爾伯特經由愛因斯坦的介紹開始重力的

研究，他的數學知識雄厚，利用作用量和變分的方法，給重力場方程式的推導開闢出一個在數學上非常簡潔的方法，精確地說，愛因斯坦方程對應於時空曲率的極值，也就是最大或最小值。這個方法是現代物理學家建構理論的基本手段，影響甚遠。他們兩人之間在 1915 年的相互交流與討論，肯定對彼此的研究產生正面的影響。誰先推導出重力場方程的爭議，一開始在兩人的內心，也確實曾經激起短暫的不愉快情緒。然而，在他們往後的頻繁交流過程中，幾乎看不出這爭議對他們的友好關係造成任何嫌隙，或許他們終究認為，這件事並不是個值得浪費時間和友誼的議題。

值得一提的是，諾斯壯（Gunnar Nordström, 1881-1923）也曾在 1914 年推廣了牛頓重力位能勢方程，提出一個純量場的重力方程式，從廣義相對論彎曲時空幾何的觀點來看，這個純量場理論所討論的是一類稱為共型平直（conformally flat）的時空，這類時空幾何是在平直時空度規上乘了一個共型變換函數，而諾斯壯理論的純量場基本上就是這個共型因子。可是，這個理論並無法解釋水星軌道近日點的進動，也無法預測光線路徑的彎曲。有趣的是，諾斯壯於 1914 年在電磁理論的向量勢中引進第五維度的分量，嘗試建構一個統一電磁理論和他的純量場重力理論，這是包含重力在內統一理論的濫觴，比卡魯扎（Theodor Kaluza, 1885-1954）在 1919 年嘗試

統一電磁理論和廣義相對論所引進五維的彎曲時空幾何，更早提出額外空間維度的概念，高維時空觀念在現代的理論物理，特別是超弦理論，是一個很重要的時空背景。

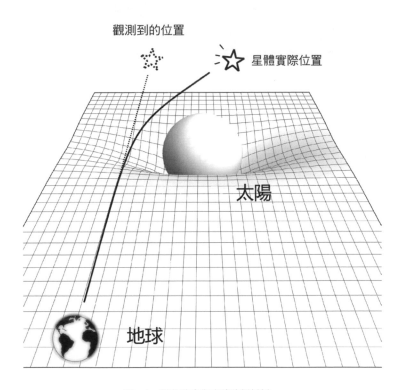

圖 1-2：彎曲時空與光線路徑偏折。

愛因斯坦的預言：光線彎曲與觀測

歷史上，牛頓最先提出光線受重力的影響，它所行進的路徑會產生偏折的可能性，在此之後，卡文迪什（Henry Cavendish, 1731-1810）、米歇爾（John Michell, 1724-1793）、拉普拉斯（Pierre-Simon Laplace, 1749-1827）和索爾德納（Johann Georg von Soldner, 1776-1833）也都曾經做過光線路徑偏折的具體計算。回到 1911 年，愛因斯坦在尚未建構出完整的廣義相對論之前，就曾經基於等效原理和他早先的理論結果，預言光線在經過太陽時會受到它的重力作用影響而產生 0.87 秒角的偏折。（注：分角〔arcminute〕和秒角〔arcsecond〕是天體觀測上常用的角度單位，一個圓分成 360 度角，每度角又分成 60 度分角，每分角則再細分成 60 度秒角。）

對於光線經過太陽會產生偏折的觀測，在廣義相對論誕生前就已經嘗試進行。觀測的對象是恆星所發出的光線，因為太陽光太強烈，所以可行的觀測只能在日蝕發生時進行。

在 1914 年 7 月底，德國天文學家弗洛因德里希（Erwin Finlay-Freundlich, 1885-1964）與兩位同伴總共攜帶三組相機前去克里米亞（Crimea），為將發生在 8 月 21 日的日蝕觀測做準備。很不幸地，德國在 8 月 1 日的正式宣戰開啟了第一次世界大戰，俄羅斯也出兵參與戰爭。因此，俄羅斯政府拘

留了弗洛因德里希，並沒收他的設備，使得這次的觀測計畫被迫中止。愛因斯坦曾經抱怨：「決定我的科學奮鬥中最重要的結果，將不會在我的有生之年看到。」事實上，當時另一組美國的觀測隊伍並沒有受到戰爭發生的影響，可惜日蝕當天的天氣並不好，是一個不適合拍攝的陰天，因此美國隊伍的觀測過程也不順利。不久之後，弗洛因德里希就因戰俘的交換而被釋放。

這次觀測的延遲對於愛因斯坦來說應該是一個幸運事件，因為直到 1914 年，他對光線路徑偏折的計算並沒有考慮到空間彎曲所造成的效應，預測值為 0.87 秒角，而這個預測值是不正確的。一年之後，愛因斯坦理解到空間彎曲的部分和時間彎曲的效應是一樣大，他修正預測值增加到 1.74 秒角，是原始結果的兩倍，而這才是正確的數值。如果在 1914 年 8 月弗洛因德里希成功地完成了對光線彎曲的測量，那麼他的觀測結果就會不符合愛因斯坦的預言，那麼愛因斯坦將會發現自己處在一個相當尷尬的位置上。

支持廣義相對論最關鍵的觀測結果，是英國天文物理學家愛丁頓（Arthur Stanley Eddington, 1882-1944）所領導的團隊在 1919 年完成的。愛丁頓是廣義相對論在英國首要的支持者，他曾用英語寫了許多文章來介紹並推展廣義相對論。和愛因斯坦一樣，愛丁頓在當時是少數和平主義的熱衷支持

者。第一次世界大戰期間，愛丁頓已是皇家天文學會（Royal
Astronomical Society）的祕書，這段時期，英國實行了徵兵政
策，而愛丁頓寧可被判刑也不願意入伍服役參與戰爭，經過
了一番努力，他以日蝕觀測在科學研究的重要性，成功地說
服仲裁庭給予他一年的免除兵役豁免權，讓他可以領導 1919
年的日蝕觀測團隊。幸運地，這場戰爭在愛丁頓豁免時效過
期前的 1918 年底就結束了。

　　在戰爭結束後的 1919 年，共有兩個團隊對當年 5 月 29
日發生的日蝕進行觀測，格林威治（Greenwich）天文臺的克
羅梅林（Andrew Crommelin, 1865-1939）所帶領的觀測團隊到
巴西的索布拉爾（Sobral），而愛丁頓則領隊到位於非洲幾內
亞海岸外的普林西比島（island of Príncipe）。這次的觀測進
行得很順利，而觀測資料分析的結果符合了愛因斯坦廣義相
對論的預測。

　　觀測的結果於 1919 年 11 月 6 日在英國皇家哲學學會
（Royal Philosophical Society）和皇家天文學會的倫敦聯合會
議上向全世界公布，皇家天文學家戴森（Frank Watson Dyson,
1868-1939）總結說：「經過仔細研究拍攝的底片，我正式宣布，
結果證實了愛因斯坦的預言。一個非常明確的結果顯示了光
線的偏折，符合愛因斯坦重力理論的推論。」就在第一次世
界大戰結束一週年的前夕，德國科學家愛因斯坦延續了英國

科學家牛頓的光環，正式將萬有引力理論推廣至廣義相對論。這消息也迅速地傳播到世界的每個角落，各地的報紙，都以重大事件的規模，報導這個科學史上劃時代的里程碑，而愛因斯坦也因此迅速地提升至世界名人的地位。

對於 1919 年觀測的結果曾經有一些不同的意見，有人認為，愛丁頓團隊拍攝的質量並不好，而且他似乎並不公正地忽略在巴西觀測中比較接近牛頓理論的數據。這個質疑持續很久，直到 1979 年用更先進的技術和設備重新分析當年觀測的數據，結果再一次驗證愛丁頓的結論。

關於愛丁頓一個有趣的故事，物理學家席爾伯斯坦（Ludwik Silberstein, 1872-1948）自認為是相對論的專家，曾經向愛丁頓說他是全世界真正知道廣義相對論的三個人之一，當時愛丁頓遲疑了一下，席爾伯斯坦堅持要愛丁頓不必不好意思承認，這時他回答說：「哦，不！我只是在想第三個人可能是誰！」

宇宙的動、靜與宇宙常數項

在愛因斯坦和希爾伯特於 1915 年底推導出了廣義相對論的愛因斯坦方程式後，兩種不同類型的解很快就被發現。史瓦西（Karl Schwarzschild, 1873-1916）在同一年就發現了具有球

對稱的靜態真空解，所謂靜態就是不隨時間改變，而真空則是指物質場的能動張量為零，事實上這個解在座標原點有一個「點」質量，而史瓦西發現的就是出這個點質量所產生的黑洞（black hole）解。黑洞的中心有一個奇異點（singularity），這個奇異點則是由一個看似同樣奇異的球面，稱為視界面（event horizon）所包覆著，物理學家在經過許多年以後，才清楚的理解到這個視界面事實上並不是奇異的。除此之外，貝肯斯汀（Jacob David Bekenstein, 1947-2015）根據黑洞相似於熱力學系統的特性，提出黑洞可能會有溫度，在考慮量子效應後，霍金（Stephen Hawking, 1942- ）甚至推論出黑洞不但有溫度、熵等熱力學概念，還會產生熱輻射。物理學家直到現在還未能完全理解黑洞的性質。（參考本書第3章的介紹）

另一類型的解，是對應於均勻（homogeneous）和各向同性（isotropic）的物質能量分布。這個假設在大尺度上來看很接近我們宇宙中的物質分布，所以物理學家藉由愛因斯坦方程所決定的簡單宇宙模型，來討論我們宇宙的特性。

愛因斯坦本人在 1917 年率先考慮廣義相對論的宇宙解，在他的考量當中，假定宇宙的三維空間是一個具有正曲率的超球面，類似於我們熟知的二維球面，然後搜尋一個靜態解。在愛因斯坦的心中，兩個重要思維支配著他對宇宙學的看法，第一是馬赫原理（Mach's principle），馬赫原理的概念是形上

學的，這個想法認為，物體的慣性是由宇宙其他物質作用的結果，換言之，在一個「真空」的世界中，物體是不會有慣性的。對愛因斯坦來說，史瓦西黑洞解違反他所深信的馬赫原理，愛因斯坦想到最簡單的解決辦法，就是考慮沒有邊界的空間，也就是三維的超球面。

第二，愛因斯坦相信我們的宇宙是靜態的，也就是不隨時間改變，針對愛因斯坦所考慮的宇宙模型來說，就是物質的密度和三維超球面的半徑都不隨時間變化。當時物理和天文學家還不知道我們的宇宙是在膨脹，因此靜態宇宙的想法在那時候應該是很自然的。愛因斯坦想當然耳地預期，廣義相對論將支持他的觀點，可是，結果並非如他所預期的一樣，愛因斯坦方程沒辦法得到具有固定半徑的宇宙模型。事實上，這樣的結果和重力的本質有關：重力作用於所有物質，而且永遠是吸引力，因此無法保持固定不變，而是會產生塌縮。

愛因斯坦想到一個補救的辦法，就是引入一項能夠產生「反重力」的額外貢獻到原來的愛因斯坦方程式中，這個和重力作用完全相反的排斥力，只有在宇宙的大尺度上才會有明顯的效果，並且平衡重力作用的吸引力。愛因斯坦發現可以在他的方程式中加入一個常數項來達到此目的，這個新加入的常數就稱為「宇宙常數」（cosmological constant）。如果宇宙常數取正值的話，就會產生排斥力的效應。

　　然而就在同一年，德西特（Willem de Sitter, 1872-1934）考慮一個更簡單的情況，他指出，在加了宇宙常數項的愛因斯坦方程中，假設宇宙裡沒有任何物質，而僅僅只有一個正的宇宙常數項，他發現了一個三維空間是平直的解，並且，在這樣一個真空的時空中，粒子仍然會具備慣性，這又違反了愛因斯坦所相信的馬赫原理。一開始愛因斯坦認為，德西特所找到的解不是物理的，因為在這個時空中，存在一個類似於黑洞的視界面，而在當時，視界面被誤認為是奇異的。事實上，德西特的真空解可以被轉換成一個動態的宇宙模型，因為宇宙常數項所產生的排斥力，德西特宇宙會不斷地擴大，而且擴大的速度是不斷地在增加，無法保持宇宙的平衡。我們說，宇宙常數項在德西特宇宙造成了加速膨脹。無論如何，德西特發現帶有正宇宙常數的真空解，說明了愛因斯坦想要在廣義相對論中實現馬赫原理是不可靠的。在晚年，愛因斯坦完全放棄了馬赫原理，他說：「其實，我們不應該再提到馬赫原理了。」

　　1922 年弗里德曼（Alexander Friedmann, 1888-1925）在他發表的一篇論文中，重新考慮了愛因斯坦在 1917 年提出的宇宙模型，只不過他放棄了愛因斯坦深信的靜態宇宙觀點，而討論動態宇宙的可能性，他考慮物質的質量密度是時間的函數，並且宇宙空間超球面的半徑也會隨時間改變。最後，他得到

了有可能膨脹或收縮的宇宙模型，並且指出，在這個模型中宇宙常數項事實上是多餘的。對於弗里德曼的結果，愛因斯坦首先質疑解的正確性，也就是說他認為這個動態模型不會滿足愛因斯坦方程。遠在俄羅斯的弗里德曼對這個質疑相當失望，他透過朋友試圖說服愛因斯坦他所建構模型的正確性。

1923 年，愛因斯坦發現了他在質疑中所犯的錯誤，並承認了重力場方程確實存在球對稱的動態解。但是，這並不意味著愛因斯坦已經接受了動態宇宙模型，在愛因斯坦當時發表的文章中，我們可以看到他對弗里德曼動態宇宙的評論：「它幾乎不可能有任何物理意義。」1924 年弗里德曼推廣了他的宇宙模型，在他先前的正曲率「封閉的」（closed）模型上，考慮不同的拓樸結構的宇宙模型，只可惜他沒能活到他的模型在天文觀測上被驗證的時候，他於 1925 年在一個升空氣球實驗的意外中去世。

在此時期，關於天體物理的許多觀測技術也逐漸提升，例如從部分星系所接收到的光譜中觀測到紅移的現象，根據這些觀測結果，愛丁頓事實上是比較偏愛德西特的宇宙模型，而他的學生勒梅特（Georges Lemaître, 1894-1966）則證明了在德西特解中紅移和距離間會有線性的關係。1925 年，哈伯（Edwin Hubble, 1889-1953）從觀測遙遠星系的輻射更進一步地發現，這些星系光譜都存在著有系統的紅移現象，這現象

應該是因為都卜勒效應（Doppler effect）造成的，換言之，這些遙遠星系正以極快的速度離我們遠去。這是一個出人意料的重大發現，令人困惑的是，這怎麼可能會發生呢？

勒梅特在 1927 年給這個疑問提供了一個回答，他找到愛因斯坦方程的一個宇宙模型，這個模型有正曲率的空間、隨時間變化的物質密度和壓力，以及一個非零宇宙常數。勒梅特建構了一個在膨脹的宇宙，並將星系紅移解釋為是因為空間膨脹所導致，而並不是星系有真實的移動，空間不斷擴大，星系間的距離就會增加，這是一個非常具有創意的想法。

可惜的是，勒梅特的結果並沒有馬上受到重視，包括他的導師愛丁頓也沒能立即看出這件工作的重要性，甚至勒梅特從愛因斯坦那兒得到了「從物理上來看，這真是糟糕透了」的評價。這時的愛因斯坦還是堅持他的立場，如同回答弗里德曼一樣，他只接受勒梅特的結果在數學上是正確的，但在物理世界並不會存在膨脹的宇宙。關於膨脹宇宙模型，羅伯遜（Howard Robertson, 1903-1961）在 1929 年，有系統地推導出具有均勻空間宇宙的所有可能度規，而沃克（Arthur Walker, 1909-2001）也在 1936 年完成類似的工作。

1929 年，哈伯發表觀測數據，確認了宇宙是在膨脹的事實，不僅如此，他也歸納出星系遠離的速度與距離間有線性正比關係，稱為哈伯定律（Hubble law），而速度和距離的比

例係數則被稱為哈伯常數（Hubble constant），這個結果與勒梅特兩年前所預測的結論一致。當愛丁頓理解到勒梅特 1927 年論文的重要性，提議將它翻譯成英文出版；然而，英文譯本和原始法文版本之間存在耐人尋味的差異，一段討論有關哈伯定律線性關係的重要段落被忽略了，因而使得勒梅特在宇宙學的重要貢獻並沒有得到應有的公正評價，而所有發現膨脹宇宙的光環，全都給了哈伯。曾有人質疑哈伯干預了勒梅特論文英譯本的出版內容，但是，後來在相關的檔案中發現，事實上是勒梅特自己翻譯了這篇論文，可能是為了避免不必要的壓力，他選擇了刪除其中的一些段落和附註。

哈伯的觀測結果，確定了我們的宇宙是在膨脹，開啟了宇宙學研究的全新視野。而愛因斯坦在他的晚年亦表示，宇宙常數項是他這輩子所犯的「最大錯誤」。然而，宇宙常數項本身並不是一個真正的錯誤。隨著我們對宇宙觀測的技術突飛猛進，近幾十年來，無論是地面或衛星的觀測結果，帶給我們有關宇宙更精確的數據，從 1998 年的超新星觀測數據中，我們發現，宇宙不只是在膨脹，而且膨脹的速度愈來愈快。因為重力是吸引力，所以我們預期，宇宙的膨脹速度，因為重力吸引的影響會愈來愈慢，但觀測的結果卻正好相反，也就是說，我們的宇宙間確實存在產生排斥力的奇異物質，被統稱為暗能量（dark energy），對暗能量的研究，是目前宇

宙學中最重要的課題之一，而暗能量最簡單的可能性，正是
宇宙常數。

事實上，愛因斯坦的錯誤不是在提出宇宙常數項，而是
誤認為它能夠提供一個靜態的宇宙模型。愛因斯坦有機會比
觀測結果早 10 年預測宇宙正在膨脹，甚至早 80 年預測宇宙
在加速膨脹，很可惜，這兩個機會愛因斯坦都錯過了。他先
引進了宇宙常數項想獲得靜態模型，而失去宇宙膨脹的可能
性，後來他丟掉了宇宙常數項，以致失去了宇宙加速的機制。
嚴格來說，愛因斯坦真正的失誤是，他沒有注意到在引進宇
宙常數項後，考慮靜態宇宙模型有一個本質上的缺陷，也就
是這個靜態宇宙模型實際上是不穩定。但是，除了愛因斯坦
之外，在當時也沒有其他人指出這個問題，直到 1930 年，愛
丁頓才透過勒梅特的結果證明這個性質。

重力波存在嗎？

在愛因斯坦廣義相對論的架構下，時空幾何不是固定不
變的，能量和動量的存在會使時空彎曲，時空的幾何結構體
現重力場的大小，是可能隨時間改變，類似於湖面的水波一
樣。在這樣的架構下，一個很自然的問題是，時空幾何的變
動是否會產生重力波（gravitational wave），傳遞重力的訊息

與能量。關於重力波的研究，愛因斯坦也時常改變他的想法和結論，掙扎於存在與不存在兩者之間。在 1916 年 2 月給史瓦西的信件中愛因斯坦提到，根據他的廣義相對論，並不存在類似光波的重力波，並將此結論歸因於重力理論中並不存在類似電磁理論中的偶極體（dipole）。然而，幾個月後，就在同年的 6 月，愛因斯坦發表了一篇預測引力波存在的論文。

關於重力波的研究，愛因斯坦在 1936 年與羅森（Nathan Rosen, 1909-1995）向美國的《物理評論》（*Physical Review*）期刊投稿了一篇題目為「重力波存在嗎？」的論文，內容提出一個令人吃驚的結論：平面引力波並不存在。《物理評論》的編輯在收到一份詳細的審稿報告後，把審稿意見寄給愛因斯坦，並請他對批評意見提出回應。愛因斯坦的回信內容是：

> 我們（羅森先生和我）寄給你我們的手稿去發表，並沒有授權你在付印前將它交給任何專家看。我認為沒有理由去應付你的匿名專家——在任何情況下錯誤——的評論。因為這樣的緣故，我寧願在其他地方發表這篇論文。

> We(Mr. Rosen and I) had sent you our manuscript for publication and had not authorized you to show it to specialists before it is printed. I see no reason to

address the—in any case erroneous—comments of your anonymous expert. On the basis of this incident I prefer to publish the paper elsewhere.

期刊的編輯回答，他很遺憾愛因斯坦決定撤回論文，但他表示不會拋棄期刊的審查程序。愛因斯坦對這件事相當憤怒，他從此以後就沒有在《物理評論》期刊上發表任何論文了。持平地講，對愛因斯坦來說，這樣的審查程序是在他過去於德國的期刊發表論文時所沒有的。

後來，羅森去了俄羅斯，愛因斯坦也有了新的助手英費爾德（Leopold Infcld, 1898 1968）。有一次，英費爾德受邀訪問羅伯遜，羅伯遜試圖說服英費爾德關於愛因斯坦和羅森那篇論文中的問題。當英費爾德告訴愛因斯坦這件事，愛因斯坦說他自己也剛剛發現了論文中的一些問題，他不得不修改準備在第二天給的報告內容。最後，愛因斯坦在校稿的過程修正了與羅森的論文，認為他們證明了圓柱對稱的重力波是存在的，和原始宣稱的結論相反。後來公開的文件揭示，羅伯遜就是當年愛因斯坦和羅森論文的評審。

重力波的存在已經在理論上被確認了，並且在 1974 年，雙脈衝（pulsar） PSR 1913+16 的發現也間接驗證了重力波的存在，這兩個脈衝星靠得很近，彼此環繞的速度很快，會產

生很強的重力輻射，重力波帶走了能量使它們之間的距離更靠近，環繞速度更快。通過精確測量雙脈衝星的週期變化，估算損失能量的速率，與重力波計算的結果相符。不過這只能說是間接的證據，對於重力波的直接觀測，科學家已經投入了大量的人力和金錢，執行多個地面或是衛星的觀測計畫，而LIGO（Laser Interferometer Gravitational-Wave Observatory）團隊也已經在 2015 年 9 月 14 日首次直接觀測到 13 億光年外兩個黑洞合併所產生的重力波。（參考本書第 4 章的介紹）

統一場論的追求

在完成廣義相對論後，愛因斯坦很快地將他的研究熱誠投注於統一場理論。那時，物理學家所知道的作用力只有兩個：電磁力和重力。所以早期統一場理論的目標是整合電磁力和重力，這兩個長程作用力是否可有一個共同的起源？即使後來弱作用和強作用力陸續被發現，愛因斯坦在往後的 30 年間，只熱衷於統一電磁與重力的理論，他甚至期待，統一場理論能說明量子物理中的所有現象。

外爾在 1918 年也利用幾何的方法來統一電磁作用，而提出規範（gauge）的想法，愛因斯坦一開始很感興趣，但很快地他就看出其中的問題。外爾認為，在時空幾何中兩點之間，

除了度規之外，還可以加上額外的自由度，為了包含電磁場，外爾就加入了一個稱為規範場的「向量」自由度，數學上來說，接近於度規的協變微分等於度規乘上一個向量，而幾何上的理解，就是在平移的過程中，長度和夾角會改變，而外爾的理論就是長度的改變對應於電磁場的規範變換。

這個理論很複雜，會導致高階的場方程，從物理的角度來說是不合理的。愛因斯坦在外爾文章發表前就讀過它，甚至在刊登的文章後面寫了一個附筆，提出質疑：在這個理論中，標準尺的長度和標準鐘的速度會依賴於過去的歷史。文章最後，則是外爾不認同於愛因斯坦質疑的回覆。雖然外爾的嘗試最後沒有成功，但他規範不變性的想法後來深深影響了規範場論的發展，如果把外爾的想法延伸到複數系統，電磁的規範場實際上對應的不是長度的大小，而是其相位。

此外，愛因斯坦也對卡魯扎在 1919 年提出的高維時空方案深感興趣，還曾寫過幾篇相關論文。卡魯扎的論文發表在 1921 年，而克萊恩（Oskar Klein, 1894-1977）也在 1926 年獨立提出相同的想法。卡魯扎考慮五維時空來統一重力場與電磁場，跟四維的時空相比，五維時空的度規多了五個自由度，其中四個被考慮用來表示電磁作用，換言之，在五維時空架構下，電磁實際上是重力的一部分。然而，我們沒有辦法解釋另外一個自由度的物理現象，如果要求它為零，又會給出

令人討厭的約束條件。並且,這個額外的第五度空間必須很小,至少我們看不見它的存在。

事實上,愛因斯坦最熱衷考慮的統一場論方案,是在時空幾何中加上獨立的聯絡(connection),時空幾何中的度規是用來決定時空中兩點間的長度和兩向量間的夾角,而聯絡是決定如何將一個向量「平移」(parallel transport)到另外一點去。廣義相對論所採取的數學稱為黎曼幾何,其中,聯絡沒有額外的自由度,完全被度規所確定。愛因斯坦考慮更一般的幾何,有獨立的聯絡自由度,也伴隨著一個新的幾何量,稱為撓率(torsion)。新的自由度可容納更大的物理系統,而愛因斯坦的目標當然是重力加上電磁力。

他從 1928 年起考慮了絕對平行(distant parallelism 或 teleparallel)的架構,這框架雖然不是一個真正有效的方式來統一重力和電磁,主要原因是無法得到正確的電磁場方程,但這個理論有一些好的特性:1. 重力能量的局域化、2. 時空平移的重力規範理論。除此之外,愛因斯坦也曾考慮過度規不再只是對稱的張量,而它的反對稱分量個數剛好與電場加上磁場的分量個數相同,然而,他嘗試用度規的反對稱分量表示電磁力,也因為無法得到滿意的場方程式而宣告失敗。

愛因斯坦在統一場理論的追求,始終沒有獲得滿意的結果,直到去世前,他還惦念著自己在統一場理論未完成的工

作和相關手稿。有人認為，愛因斯坦把人生最後的時間「浪費」在統一場理論的追求，這個批評太過嚴苛。除了愛因斯坦外，諾斯壯、希爾伯特、外爾、愛丁頓、薛丁格（Erwin Schrödinger, 1887-1961）等人，都曾經嘗試用幾何的框架建構統一場理論。雖然電磁和重力統一的道路十分嚴峻，一直到現在也未能有所成，但物理學家在電磁、弱作用與強作用的統一上，則已獲得很卓越的成果，其中規範對稱的概念扮演至關重要的角色。

重力場也曾以規範理論的概念來討論，其中的規範對稱變換為平移與轉動，平移對稱所對應的守恆量為能量、動量，而轉動則為角動量或自旋（spin）。同時，從作用量分別對度規和聯絡的變分會得到兩組場方程式，有趣的是，由規範理論思維所得到的場方程式幾何和物質的對應應該是，能動張量產生時空撓率，而自旋則產生時空曲率，但是，在包含廣義相對論的重力規範理論中，預期的幾何與物質間的耦合關係卻剛好顛倒過來，赫爾（Friedrich Hehl, 1937- ）曾經在他的報告和文章中引用中文的成語「張冠李戴」來形容這個性質。除此之外，愛因斯坦在統一場理論追尋中所使用的想法和技巧，直到今天，還持續的被應用在處理當代物理學的前沿問題上。

重力能量──對稱與守恆

能量和動量的守恆概念，對廣義相對論的發展產生過重要的影響，並且，探討關於重力場本身所具有的能量和動量之特性，對 19 世紀物理學的發展起到了很大的作用。

愛因斯坦在 1912 到 1915 年間發展廣義相對論的時候，曾經考慮滿足守恆定律的重力場能量和動量，因此，在尚未得到愛因斯坦方程之前，他就已經提出了重力場的能量和動量的表達式。由於他曾經困惑於自己所謂「洞」的論點，以至於懷疑一個普遍協變的重力理論是否會存在，對此他提出利用能量守恆的條件，來選擇一個最恰當的物理座標系統。在 1915 年 11 月 25 日的論文中，愛因斯坦認為他找到了重力場的能動「張量」。

事實上，愛因斯坦的重力場能量、動量表示式是一個贗張量（pseudotensor），並且薛丁格和鮑爾（Hans Bauer）都曾對愛因斯坦的贗張量提出批判，因為它可以給出完全沒有物理意義的結果。除此之外，勞侖茲和列維－奇維塔提出只有愛因斯坦張量是最合適的重力能量－動量密度，由此，愛因斯坦場方程可以被解釋為重力場和物質場的能動張量之和為零。從現代對廣義相對論的理解上來看，這個看法某種程度上是正確的。只不過實際的情況要比原先想像的複雜很多，

故事不單單只是能動張量的密度而已。

　　雖然愛因斯坦在 1914 年時曾採用過變分方法，但這不是他尋找場方程的主要途徑。希爾伯特首先發現了一個協變的拉格朗日量（Lagrangian），並提出一個與微分同胚不變性（diffeomorphism invariance）有關但是相當複雜的重力場「能量向量」，這個向量滿足守恆定律。對數學家希爾伯特來說，他所關心的是一個理論的數學性質，而非其中的「細節」。例如，守恆定律是否成立，遠比守恆量的精確形式是什麼來得重要，就如同，方程式解的存在和唯一性，遠比解本身來得重要。

　　後來，克萊恩認知到希爾伯特的「向量」和愛因斯坦的「贋張量」兩者之間具有關聯性，只不過當中還有許多問題尚待釐清。然後，希爾伯特和克萊恩將問題交給了諾特（Emmy Noether, 1882-1935），而她最終解決了迷惑。諾特在 1918 年發表的研究結果，雖然被遺忘了很長的時間，但是其內容與近代理論物理的發展中最重要的概念息息相關。

　　諾特最初的研究目的是為了釐清重力場能量的相關議題，一開始，她的研究目標就是希爾伯特的能量向量。在 1918 年寫給希爾伯特的信中，克萊恩感謝諾特的幫忙，才使他更清楚地理解到重力能量問題的本質。克萊恩提到，在向諾特提及有關希爾伯特的向量和愛因斯坦的贋張量之間的關聯時，

他發現諾特不但已經注意到這個問題，且早在一年前就獲得了相同的結果，只是她沒有正式公布。

希爾伯特在回函上說，他完全同意克萊恩的說法，其實早在一年多前，希爾伯特就請諾特幫忙釐清有關他的能量定理中一些解析問題，當時就發現他提議的重力能量和愛因斯坦的版本間是可以轉換的。此外，希爾伯特還曾經斷言，在廣義相對論中，並不存在有合適的重力能量密度表示式，他把這個事實視為廣義相對論的一個重要特徵，這個斷言呼應了勞侖茲和列維－奇維塔的結果。諾特則在數學上嚴格證明這個預測，她證明，缺乏適當的重力能量密度這個性質，不僅發生於愛因斯坦的廣義相對論中，實際上，所有具有時空微分同胚不變性的重力幾何理論，都沒有適當的能量－動量密度表示式。

這個結果其實並不奇怪，等效原理意味著一個重力很根本的特性，只考慮一個點無法判斷是否有重力場的存在。這個性質說明了，重力的能量，或者更廣義上來說，所有物理系統（不忽略掉重力作用）的能量，都不會是局域性（local），因此，重力能量只能是準局域性（quasi-local）。換言之，我們無法計算在每一個點上的重力能量，因為我們總是得到零值；而實際上，我們只能計算在一個由封閉的二維曲面所包含的範圍內之重力能量，並且結果只跟曲面上的重力場有關。

而重力能量的準局域表示式和相關性質的研究，是本文作者的科研主題。

如果說要選一個詞來描述 20 世紀理論物理的進展，最貼切的選擇就是「對稱」（symmetry）。絕大部分理論物理的概念中都包含對稱性，例如規範對稱，奠定了電磁、弱作用和強作用的理論基礎。而諾特在 1918 年的研究成果中最重要的，就是有關對稱的兩個定理。諾特第一定理討論總體（global）對稱性，每一個總體對稱都會伴隨一個守恆量；例如，時間平移對稱相應於能量守恆，空間平移對稱對應動量守恆，而轉動對稱則代表角動量守恆。諾特第二定理考慮局域（local）對稱性，每一個局域對稱會對應於一個微分恆等式。對於規範不變性，透過諾特第二定理所找出的恆等式，是現代規範理論中很重要的根基。而這些結果，都是從重力能量的研究時得到的。不幸的是，諾特的工作被忽略了將近 50 年。但從本質上來說，近代理論物理的建構，都是諾特定理的應用。

2

宇宙學百年回顧

李沃龍、巫俊賢

2014 年 3 月 18 日下午，《聯合晚報》率先刊出了一條震驚科學界的大消息：「發現天文學聖杯『值得拿諾貝爾獎』」。內容主要敘述「包括史丹福大學華裔學者郭兆林在內的美國天文學家科研小組 17 日宣布，他們發現了天文學界的聖杯：大霹靂後一兆分之一秒，宇宙急速擴張留下的印記——愛因斯坦將近一世紀前提出的重力波……」不到六小時後，臺北立法院外的抗議學生們突破警方封鎖線，占據議場，展開了喧囂擾攘的 318 學運。那則本應驚天動地的科學新聞便在太陽花的強力放送下，頓時黯然失色。

重力波是什麼？重力波和宇宙膨脹有什麼關係？為何發現重力波值得拿下諾貝爾獎？本文試著從物理宇宙學（physical cosmology）的發展脈絡，梳理此重大科學新聞的本源，試著探討大霹靂宇宙學說的本質及未來挑戰。

宇宙學的研究對象是整體宇宙（the Universe as a whole），探索宇宙的起源、演化、終極命運，以及大尺度結構的形成。大多數的古文明都包含許多開天闢地的故事，解釋人們生存所面對的現實世界。這些關於天地山海的故事所訴說的，並非各不同文化對宇宙的研究成果，而是先民藉由創造更宏偉的圖像，釐清人類在宇宙間的位置與存在的意義。對稱的簡潔美感與相應而生的秩序（如陰陽、五行等）往往穿插在這些精彩敘述中，扮演重要的角色。現代宇宙學雖然發

展較晚，亦非傳承自遠古文明，但作為自然科學的一個分支，對稱原則依然在宇宙模型的思考與發展上，發揮得淋漓盡致，舉足輕重。

我的位置決定我的星空

我們存在於地球上的時刻與位置，深刻地影響環繞在我們周遭宇宙星空的面貌。如果住在赤道附近，你會看到滿天恆星每晚從地平線升起，經過頭頂，然後隱沒在反方向的地平線下。夜復一夜，這些相同的恆星軌跡讓你認為你就位於恆星運動的中心。但如果你住在南極或北極附近，拿著相機對夜空長期曝光，則會在照片中看到大部分的恆星從不落入地平線下，而在天幕上畫出一道道環繞著某一點的同心圓軌跡，讓你不禁懷疑那個圓心地點究竟何德何能，竟能讓眾星以它為中心而往復奔走。今天我們知道，從天文學的角度看來，這完全是因為地球自轉軸線與公轉軌道面並不垂直，而呈現 23.5 度的偏差之故。

另一方面，從天文觀測的資料推算，我們也知道今天北斗七星的樣貌，與在幾萬年前大異其趣。這些例子清楚地告訴我們，夜空所呈現的樣貌，與我們所處的地點及觀測時機息息相關，也影響我們對宇宙整體的想像——我們所設想的宇

宙模型顯然取決於我們的宇宙觀。因此，我們就不難理解當初哥白尼（Nicolaus Copernicus, 1473-1543）提出太陽位居眾星環繞中心的日心說所帶來的衝擊，可稱為科學革命的緣故。

在歐洲文藝復興鼎盛時期之前，西方世界對宇宙的主流思想是以古希臘大哲柏拉圖、亞里斯多德所提出的地心說為本：天空上的星體依距離遠近，固定在以地球為中心的同心球殼上，這些天球球殼則以不同速度旋轉運行。到托勒密（Ptolemy）提出本輪加均輪的周轉圓（epicycles）理論來解釋行星的逆行現象時集大成，依其解釋，逆行行星在圓形均輪上運行，均輪中心的軌跡則為繞地球的本輪，他認為宇宙間所有天體皆以完美的圓形本輪軌道繞地球運行。由於托勒密的模型基本上非常吻合當時的觀測數據，哥白尼的理論並無助於解釋觀測到的天文現象。但哥白尼認為托勒密引入的均輪運動，違背了均勻圓運動的簡潔對稱，若以太陽為眾星繞行中心，則許多天文現象並不需引入複雜的周轉圓，就可圓滿解釋，星體也不再需要固定在大小不等的天球球殼上。哥白尼的日心說大大簡化了自古以來用以解釋行星運動為主的宇宙模型，他不以地球為宇宙中心的概念也被後人昇華成「哥白尼原理」──由於地球只是眾行星的一員，我們在宇宙間的位置並不特殊。

牛頓的絕對空間

　　文藝復興後期，人們不斷淬煉哥白尼所提出以太陽為中心的行星系統，最終在牛頓（Isaac Newton, 1643-1727）手上，以三大運動定律及萬有引力理論，將哥白尼系統圖像升格為可用數學操作的物理模型。由於牛頓以簡潔的物理定律分析世間萬象複雜的運動，從數學方程式中提煉出精準而具預測能力的運動解，自此牛頓的機械宇宙觀蔚為風潮，盛行將近250年，被世世代代的物理學家和工程師視為解釋物質世界運行顛撲不破的圭臬。

　　牛頓的三大運動定律是：
第一定律：物體不受外力作用時，必保持原有的運動狀態；靜者恆靜，動者恆沿直線行等速運動。
第二定律：物體的動量變化率等於其所受之外力。
第三定律：物體所受的每個作用力，皆有其反作用力。反作用力的大小與作用力相同，但方向相反。

　　牛頓將天體運動視為一般的力學問題，與地上的所有運動相同，都受這三項運動定律的規範，因而能以數學描述重力現象，成功解釋了克卜勒（Johannes Kepler, 1571-1630）早先透過分析大量觀測數據而建立起來著名的三項行星運動定律。

　　不過，構築牛頓偉大成就的三大運動定律，並非完全無懈可擊。在俗稱「慣性定律」的第一運動定律裡，牛頓論及不受力物體必保持靜止或等速運動。但我們知道，物體的運動都是相對的，那麼牛頓所敘述的慣性運動究竟相對於什麼參考架構系統呢？牛頓的答案是，那些運動都相對於一個假想的「絕對空間」。牛頓在他的名著《自然哲學的數學原理》中，定義所謂的絕對空間是個「本質與任何外物無關，永遠保持相同且靜止」狀態的剛性空間。此外，他也定義了「絕對時間」的本質是「絕對、真實和數學的時間，穩定流動且與一切外物無關」。由於絕對時空的本質都與所有其他物質的存在無涉，因此牛頓定律雖然規範處在時空舞臺上物體的運動與交互作用，但它們的行為絕不會改變該舞臺的結構。

　　如果將恆星視為亙古不變的物體，那就可用位於遙遠恆星上的絕對空間參考架構來描述世間所有的運動。牛頓理解到，只有相對於遙遠恆星靜止或保持等速運動的「慣性參考系」裡的觀測者，才能使用他的三項簡單物理定律來分析其他物體的運動。假設有個太空人坐在旋轉的太空船裡，從艙壁上的窗口向外觀望，他將看見遙遠的恆星沿著太空船自旋的相反方向不斷對他環繞。雖然那些恆星以圓周繞轉，相對於太空人有個加速度存在，但它們並未受到任何外力的作用。因此，旋轉的太空人不再能保持慣性運動，他所推導出的第

二定律也會受到那相對加速度的影響而攙入一些額外的旋轉效應，比起牛頓第二定律的原本形式要來得複雜許多。

　　若我們仔細思考就會發現，牛頓陳述其定律的方式，賦予慣性參考系一個非常特殊的位置，他的運動定律只適用於位在那些獨特參考架構裡的「慣性觀測者」。比起其他一般的觀測者，只有這些慣性觀測者才能看見形式簡潔的運動定律，這顯然違背了哥白尼原理。如果以恰當的方式陳述，無論觀測者的運動狀態為何，真正的自然定律應保持一致的形式才對。因此，在自然定律支撐起來的殿堂裡，所有觀測者都應具備相同的地位，沒有哪一個觀測者比其他人更優越，能夠看見形式更簡單的自然定律。就此而論，牛頓的運動定律其實存在著重大瑕疵。

空間幾何大不同

　　牛頓體系下的空間，乃對應於可用歐幾里德幾何（Euclidean geometry）描述的平坦（flat）空間，而且是均質（homogeneous，即各個位置都相同）且均向（isotropic，即各個方向都相同）的均勻空間（uniform space）。歐幾里德空間有許多重要的特性，與我們日常生活的幾何經驗吻合。例如：只有一條直線可通過另一直線外的任一點而與該直線平

行;兩點之間最短距離的路徑（即測地線，geodesic）是條直線；任三條測地線相交所形成的三角形，其三內角和為 180 度等。

除了平坦空間外，還有兩類均勻空間可用非歐幾何（non-Euclidean geometry）來描述，分別是具備正曲率的球面空間（spherical space）與負曲率的雙曲空間（hyperbolic space）。相對於曲率為零的平坦空間，這兩類空間的曲率半徑（curvature radius）分別規範了它們的彎曲程度。在這些彎曲空間裡，每一塊尺度遠小於曲率半徑的區域，看起來就和平坦空間沒什麼兩樣，可以直接使用歐幾里德幾何來描述這些局部的空間。也就是說，假如曲率半徑遠遠大於我們平常經驗所熟悉的空間尺度時，即使處在這兩類彎曲空間裡，我們也無法區分它們和歐幾里德空間有何不同。譬如，生活在地球表面的人，基本上認為自己位在一個平坦空間中，這完全是因為地球半徑遠超過人類日常生活經驗尺度的緣故。

因此，我們必須知道一些非歐幾何的特性，才能夠區分平坦空間與彎曲空間不同之處。在正曲率的球面空間裡，兩點間最短距離的路徑並不是直線，而是以球心為圓心所對應出的圓弧，這樣的測地線稱作「大圓」（great circles）。例如從臺北至舊金山的洲際航線，飛機飛行的路徑，基本上就遵循一段大圓航道。此外，在球面上任三點間測地線所形成的封閉三角形，其三個內角和會大於 180 度。類似的道理，在

負曲率的雙曲空間裡，兩點間最短距離的測地線也不是條直線，而是半圓弧；封閉三角形的三個內角和則小於 180 度。

　　就空間的範圍而論，歐幾里德的平坦空間是可無限延伸且無邊界限制的「開放」（open）空間。另一方面，球面空間的大小因取決於球的半徑，體積受此限制而不會無限延伸。但由於在球面上並無天然的邊界劃分，因此球面空間可說是個有限無界的「封閉」（closed）空間。形狀像馬鞍面或甘藍菜葉面的雙曲空間，則類似平坦空間，屬於無界無限的「開放」空間。

愛因斯坦的彈性空間

　　愛因斯坦非常嚴肅地面對前述牛頓定律的缺陷，而他最偉大的成就之一，就是找到確切描述重力的理論——廣義相對論，並以適當的數學方式陳述此自然定律，以確保所有的觀測者，不論處在何種運動狀態中，都能看到相同的定律。這相當於將哥白尼原理的觀點，從規範「我們在宇宙中的地位並無特殊之處」，提升至「所有的物理學家都應發現相同形式的自然定律」。

　　1907 年時，愛因斯坦從「自由墜落是個加速的運動狀態」的想法中，悟出「重力與加速度無法區分」的等效原理（參

見聶斯特等的廣義相對論介紹）。依據此原理，即便是不具質量的光在行進時，也會因重力的作用而偏轉。假設我們站在太空中一具筆直加速飛行火箭裡的一側，打開手電筒將光束射向對邊。雖然每秒 30 萬公里的光速非常驚人，但畢竟不是無限大，所以手電筒射出的光束需要一點時間才能到達對面。由於火箭正在加速，當光束射到火箭另一邊時，火箭已向上運動了一些，使得光束撞擊對面艙壁的位置比手電筒的高度稍低一些。從旁邊觀察，可發現光束行進的路線有些彎曲。如果火箭的加速度提高到一定的程度，這個光線偏轉的效應將會非常明顯。由於加速度與重力無法區分，因此重力作用應該會使光線偏轉。

愛因斯坦在等效原理的基礎上，推論出重力現象其實是彎曲空間的表現。由於物體的質量是造成重力的來源，我們可將愛因斯坦的空間設想成一大張具有彈性的橡皮膜，不同質量的物體會在橡皮膜上造成深淺不一的凹陷；質量愈大的物體，重力場愈強，其周遭空間就彎曲變形得愈嚴重。在遠離一切質量的地方，空間未遭扭曲變形，呈現出平坦的幾何特性。無論空間的形狀如何，在兩點之間運動的物體，就像在加速火箭中行進的光線一樣，會採行最短的路徑，即沿著測地線移動。粒子在行經大質量物體周邊時，由於空間彎曲凹陷得厲害，粒子所採行的最短路徑會向凹陷的中心傾側；

從遠處看來，整個粒子的運動路徑就像被那個大質量物體吸引而發生偏轉。因此，粒子運動的軌跡，其實是由空間的形狀來決定的。透過這樣的理解，愛因斯坦直接將重力視為空間的曲率，不再以牛頓所定義的「力」的概念來規範重力了。

愛因斯坦對重力的幾何詮釋，與牛頓的作用力概念，確實有本質上的差異。在牛頓的剛性絕對空間裡，一顆高速旋轉的球並不會影響周遭的空間結構，在近旁的觀測者也不會感受到任何旋轉所引起的效應。但在愛因斯坦的可塑彈性空間裡，球的旋轉勢必扭動其周邊的空間，讓附近的觀測者感受到順著旋轉方向的牽引。此外，質量和運動的效應不僅影響空間的形狀，也改變了時間的流速。許多實驗都已證實：在重力場裡，時鐘指針的「滴答」振盪（即計時週期）會受重力影響而變慢，其變化程度與愛因斯坦的預測完全吻合。這現象也與牛頓不隨外物變化的「絕對時間」大異其趣。

由於張量分析（tensor calculus）可讓數學方程式在不同的座標系統裡保持一樣的形式，愛因斯坦便利用張量這種數學語言，描述不同運動狀態下的觀測者所一致看見關於空間形狀與時間流速的改變，和物質質量與能量分布之間的關係，寫下他著名的重力場方程式：

$$G = \kappa T$$

　　式中的愛因斯坦張量 G 規範時空幾何的變化，能動張量
T 描述物質質能的重量，而 κ 則是兩者間的比例常數。美國物
理學家惠勒（John Wheeler, 1911-2008）對此時空幾何變化正
比於質能重量的規律有個傳神的說法：「物質告訴空間如何
彎曲，空間告訴物質如何運動。」對於愛因斯坦而言，此重
力場方程式完整呈現了哥白尼原理的精髓，涵蓋所有不同運
動狀態的觀測者，將重力的自然定律推廣到宇宙裡的每個角
落中。

看似不存在的宇宙常數

　　原則上，若我們知道物質的質能在宇宙間的分布狀況，
透過運作愛因斯坦的場方程式，就能夠得知宇宙時空幾何的
變化。因此，每個愛因斯坦場方程式的解，都描述一個特定
宇宙時空的演變。從此，廣義相對論正式開啟了科學宇宙學
的研究，愛因斯坦本人也在 1917 年 2 月 8 日宣布舉世第一個
宇宙模型。

　　由於愛因斯坦的場方程式允許眾多可能數學解的存在，
而我們眼前卻只有一個宇宙，因此物理上的考量與假設在建
構合理的宇宙模型時，便扮演了非常重要的角色。愛因斯坦
在面對此問題時陷入長考：如果允許宇宙的範圍無遠弗屆，

他實在無法確定他的場方程式是否還能夠在無限遠的地方，正確規範宇宙的行為。反之，如果宇宙的大小有限，他又必須小心避開空間的「邊緣」，別讓宇宙時空墮入萬劫不復的深淵之下。

為了免除「無限空間」這個概念所帶來的困擾，愛因斯坦直接假設我們的宇宙空間擁有正曲率，即一個如球面般有限無界的空間。此外，為了簡化複雜的場方程式，他更假設宇宙具有極高的對稱性，即所謂的宇宙學原理（cosmological principle）──平均而言，宇宙在各地方與各方向上看來都相同，即空間整體是均質且均向的。這其實是哥白尼原理在宇宙學上的具體展現。不幸的是，愛因斯坦沒法找到一個穩定的靜態宇宙解，所有可能的世界空間都會隨時間膨脹或收縮。這與 20 世紀初因尚未觀測到遙遠天體的運動，而讓人們普遍篤信宇宙靜止不動的想法大相逕庭。

最終，愛因斯坦採取了一個大膽的作為以突破此困境。牛頓的萬有引力理論告訴我們：兩質量間的重力會促使它們朝彼此加速運動。在廣義相對論的計算中，也有類似加速效應。為了移除這個加速度，愛因斯坦在他的場方程式裡引入一個似乎不存在於自然界的「宇宙常數」（cosmological constant）項，代表能夠平衡重力加速度的斥力。由於宇宙常數的排斥效應與質量間的距離成反比，這意味著當宇宙的大小達到某

個特定尺度時，萬有引力將與萬有斥力相消，而得到一個既不膨脹也不收縮的有限空間，這就是愛因斯坦有限無界、封閉的靜態球面宇宙模型。

雖然在十幾年後，因發現宇宙膨脹的證據而讓愛因斯坦懊惱地認定，引入宇宙常數是他此生最大的失策，但宇宙常數並未就此消失，反而像幽靈般不斷在宇宙學研究的舞臺上縈繞不去，直至今日。1998 年底，兩個宇宙學團隊從超新星的亮度與距離的關係中，推定我們的宇宙正在加速膨脹，再度凸顯宇宙常數的重要性。除了重力場方程式外，引入宇宙常數的劃時代創舉，恐怕是愛因斯坦對宇宙學社群最偉大的貢獻！

光的紅移：德西特效應

昂首仰望無盡蒼穹，似錦繁星的重力效應，讓愛因斯坦如杞人般心憂天墜，進而引入宇宙常數以拯救天地。面對同樣的夜空，荷蘭天文學家德西特（Willem de Sitter, 1872-1934）卻似乎總看見月明星稀的景況：他認為空間中所包含的物質密度極低，我們大可將宇宙整體視為不含物質的真空狀態，而在一個欠缺物質可供標識的空間，宇宙自然是靜止不動的。

由於德西特的宇宙模型也包含了宇宙常數，因此產生兩

項非常奇特的效應。首先，沒有萬有引力的牽制，宇宙常數的排斥效應將驅動空間急邃膨脹。由於宇宙常數不隨時間演化，始終保持固定的排斥強度，空間中又缺乏物質可改變此膨脹趨勢，德西特的靜態宇宙其實是個空間會持續急速膨脹的「穩態」（steady state）宇宙。

此外，1917 年的德西特宇宙解並不是個均勻的彎曲空間，而是擁有視界（horizon）的非均質（inhomogeneous）空間：位在宇宙中心的觀測者，基本上無法看見發生於曲率半徑之外的任何事件。由於電磁波藉著在空間中固定頻率的振盪向各處傳播，空間的膨脹必然拉伸電磁波的波長，使得遙遠的星光在抵達宇宙中心時的波長，會大於發射初時的波長。這個光波紅移的現象，被稱為「德西特效應」。經德西特計算發現：紅移與距離的平方成正比關係，即距離較近的恆星所傳送的星光紅移量較小，而較遠處恆星所發射的星光則擁有較大的紅移。德西特認為，若天文觀測能夠確認這種因空間膨脹所造成的紅移效應，我們就能區分出宇宙究竟是只含物質而無空間膨脹的愛因斯坦靜態宇宙，還是物質匱乏但空間會膨脹的德西特穩態宇宙了。

事實上，在德西特發表其宇宙模型的前一年，美國天文學家斯立福（Vesto Slipher, 1875-1969）便已從當年被誤認為星雲（nabule）的螺旋星系光譜中，發現了大部分的星系都呈

現出紅移的現象。但由於斯立福未能測定那些天體的距離，德西特並不願就此推斷其模型的正確性，仍繼續推動觀測方面的研究，甚至在 1919 至 1934 年間，擔任萊登天文臺（Leiden Observatory）臺長。德西特連結天文觀測與理論分析的努力，促成許多天文學家與物理學家在 1920 年代相繼投入宇宙學研究，將宇宙學的典範，逐漸從靜態空間移向膨脹空間，為大霹靂宇宙模型奠定扎實根基。

弗里德曼的宇宙演化論

1920 年代，在遠離歐洲心臟地帶的俄羅斯，有位年輕的氣象學家弗里德曼（Alexander Friedmann, 1888-1925）在精熟了廣義相對論背後的數學技巧後，展開他自己的宇宙學研究。他首先察覺愛因斯坦 1917 年論文裡的數學推導曾發生錯誤，因此指出愛因斯坦和德西特的宇宙解都只是場方程式的不穩定特殊解，基本上並沒有在場方程式中引入宇宙常數的必要。然後在忽略宇宙常數的貢獻下，弗里德曼先在 1922 年找到一組正曲率的封閉宇宙通解，描述宇宙在過去某個時刻從一個點開始膨脹，直到某個最大半徑後，由於空間中所含物質的密度過高，在引力作用下轉向坍塌，回到原點。1924 年時，弗里德曼又發表另一款負曲率的開放宇宙通解，仍舊描述宇

宙從過去某個時刻的一個點開始膨脹,但由於空間中所含物質的密度太低,以至於重力不足以逆轉膨脹趨勢,導致宇宙永久膨脹下去。

　　弗里德曼得到兩種不同類型的宇宙,顯示廣義相對論容許空間膨脹的可能性。雖然弗里德曼只把建構宇宙模型當作數學問題來處理,對於宇宙膨脹的起點並未多所著墨,但終究打破了靜態的宇宙觀,讓包含普通物質的空間得以與時俱

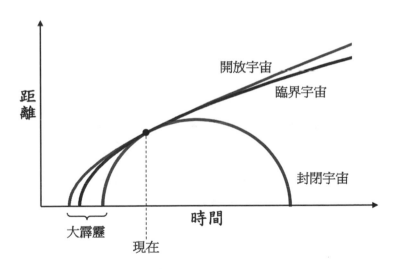

圖 2-1:弗里德曼宇宙模型中三種空間膨脹隨時間演化的關係。縱軸代表星系間的平均距離,橫軸代表宇宙時間。三條曲線由上到下分別是開放的減速膨脹宇宙、平坦的臨界膨脹宇宙,以及膨脹但終將坍塌的封閉宇宙。三種宇宙模型皆起源於大霹靂,而今天的宇宙則位在三種膨脹曲線的交會點上,預示大霹靂宇宙模型具有平坦性問題。

進，而弗里德曼所導出的宇宙方程式也成為後人學習宇宙學的入門基礎。

膨脹的宇宙與創世紀

比利時的神父勒梅特（Georges Lemaitre, 1894-1966）可能是那一代宇宙學研究者中，除了愛因斯坦外最傑出的物理學家，他總能利用最簡單的方法處理物理問題，並獲致最關鍵的解答。在不知道弗里德曼宇宙解的狀況下，勒梅特在 1927 年提出一篇關於愛因斯坦理論所容許之最簡單宇宙的完整論文。除了普通物質和宇宙常數，勒梅特的模型首次將輻射壓力考慮進來；在得出空間膨脹的解後，進一步以都卜勒效應（Doppler effect）因光源與觀測者相對退離運動所造成的紅移，來解釋德西特效應，並超越德西特的構想，在滿足宇宙學原理的狀況下，導出星系後退速度與距離成正比的正確線性關係——那正是兩年後才問世的哈伯定律。

哈伯（Edwin Hubble, 1889-1953）觀測遙遠星系的紅移，並利用各星系裡所包含造父變星（Cepheid Variable stars）之亮度變化週期來決定星系的距離，在連結速度與紅移的經驗公式後，於1929年發表星系後退速度與距離成線性正比的定律。哈伯從未以他的觀測數據支持任何特定的理論模型，他將星

系的速度當作表象的視速度（apparent velocity），並開放定律的詮釋權，自己不做任何物理評斷。哈伯在此事所採取的態度，讓他錯失了發現宇宙膨脹的桂冠。

其實，都卜勒效應並不能正確解釋空間膨脹。膨脹紅移純粹是因空間擴張展延了光波波長所造成的結果：星系靜止於其位置上，並未實際穿越空間運動。星系間距的變化是由空間拖著星系膨脹所導致的圖像，乍看之下似乎與都卜勒效應中，波源與觀測者因相對運動所造成的紅移雷同。事實上，從哈伯的紅移—距離定律，經紅移—速度的關係而推論出退離速度正比於距離的結論，只適用於小範圍內的局部宇宙。因此，若以都卜勒效應來解釋空間整體的膨脹，會立刻陷入兩種無法自圓其說的困境。首先，根據哈伯定律，具有紅移高於一（對應於所謂的「哈伯距離」）性質的大體，應該以大於光速的速率運動，但這明顯違反了狹義相對論對物質運動的規範。其次，我們理應看不見那些實際運動速度超越光速的天體，因此哈伯距離恰好標示出我們視界的大小。於是，地球又成為宇宙的中心——若哥白尼地下有知，必死不瞑目。由於我們對爆炸的概念，符合物質系統以起爆點為中心，向四面八方噴濺的印象，因此將「big bang」翻譯成「大爆炸」並不恰當。

在 1931 年，勒梅特嘗試結合當時正方興未艾的量子理論

概念，更進一步推測宇宙在有限的過去某個時刻，起源於一個太初原子（primeval atom），這項主張成為今日宇宙大霹靂的前身。因此，勒梅特的模型描述一個有限年齡的宇宙，從一個高溫緻密的起點創生，初期由於重力作用的關係，導致空間減速膨脹，但隨著宇宙常數逐漸取得主導地位，空間開始轉為加速膨脹。勒梅特宇宙具有正曲率，但因其所選擇的宇宙常數值略大於愛因斯坦的宇宙常數，所以該宇宙的空間會持續膨脹下去，沒有終點。

目前看來，勒梅特的宇宙最符合今日我們宇宙空間的膨脹歷史：我們的宇宙從 137 億年前開始膨脹，並在大約 45 億年前過渡至加速膨脹的階段。唯一與現在觀測資料牴觸的宇宙性質，大概只有空間幾何的曲率罷。

空間膨脹的標準模型？

愛因斯坦在聽聞哈伯的觀測結果後，立即丟棄了他素來不甚喜歡的宇宙常數項。1932 年早春，他與德西特共同發表了一篇只有兩頁的簡短論文：若將空間曲率、宇宙常數及物質壓力都設為零，場方程式將產生一個發軔於過去某時刻且永恆膨脹的平坦空間。往後幾個世代的宇宙學家，將此簡單無比的愛因斯坦—德西特宇宙奉為描述整體空間膨脹的最佳

模型，長達 60 年之久。

　　愛因斯坦—德西特宇宙可歸類為平坦的弗里德曼宇宙。
事實上，這款宇宙模型類似愛因斯坦的靜態宇宙，本身是個
不穩定的數學解：假如空間的曲率不是恰巧為零，即使只是
或多或少的比零差了一丁點，將導致空間膨脹逐漸脫離愛因
斯坦—德西特模型的演化路徑，朝向更劇烈的失控膨脹，或
減速反轉成為坍塌收縮的宇宙。今天的宇宙以如此特定的速
率膨脹，代表宇宙存在的時間還不夠久遠，不足以充分發展
其不穩定性。有鑑於我們宇宙的年齡已將近 140 億年，尚且
無法充分發展不穩定性，顯然宇宙於發軔之初，便已處在非
常接近愛因斯坦—德西特膨脹的狀態，這需要精準調校（fine
tuning）宇宙的初始條件才辦得到。這項特性凸顯出平坦的弗
里德曼宇宙模型無法迴避卻又異於常理的性質，因此被宇宙
學家稱作「平坦性問題」（flatness problem），成為日後宇宙
暴脹學說的起因之一。

宇宙大霹靂的發現

　　繼勒梅特提出宇宙濫觴於「太初原子」的大膽構想後，
離開蘇俄至美國發展的物理學家伽莫（George Gamow, 1904-
1968）也認為，宇宙會自太初極度緻密與高溫的狀態開始膨

脹冷卻。在那種極端的條件下，所有的物質都只以質子、中子與電子的形式存在，並且浸泡在如大洋般的高能輻射裡，就像一鍋熾熱稠密的太初原湯。在剛開始膨脹的頭幾分鐘內，宇宙可視為一場超大型的核子物理實驗，透過粒子持續捕捉中子建構出所有元素，各式各樣的物質都可從這鍋混沌的原湯中烹煮出來。

1948 年夏天，伽莫證明了在宇宙年齡只有 100 秒時，質子可與中子結合形成氫的同位素──氘。伽莫的學生阿爾法（Ralph Alpher, 1921-2007）以及赫曼（Robert Herman, 1914-1997）則接續發展伽莫的構想，更深入探索太初核子作用，希望能建構出宇宙的熱歷史。他們首先推導出在均勻膨脹的環境下，物質密度正比於任何熱輻射溫度的立方。這代表他們能夠決定在宇宙開始兩分鐘後、溫度為 10 億度時，物質密度與輻射溫度的正確比例，以避免產生過量的氦而與現今的觀測結果牴觸。在獲得這個固定的比值後，再將今天觀測到的物質密度代入計算，就可推知現在的輻射溫度是多少。經他們估計得到目前宇宙的溫度大約是絕對溫度 5K。這項預測可說是科學史上最重要的里程碑之一，它提供天文學家一個測試大霹靂理論的方法──假如宇宙果真發軔於一個高溫的過去，我們應能夠觀測到這大霹靂的餘暉輻射！

伽莫等人的論文發表 17 年後，美國兩位頂尖的電波工程

師潘奇亞斯（Arno Penzias, 1933-）與威爾遜（Robert Wilson, 1936-）終於在紐澤西州霍姆德爾鎮的貝爾實驗室維修一座角型天線時，發現了伽莫師生們所預測的大霹靂餘暉輻射。他們當時所偵測到的輻射噪聲，擁有 7.35 公分的波長，相當於溫度 3.5K 的熱輻射，因此稱之為宇宙微波背景（Cosmic Microwave Background, CMB）輻射。

　　潘奇亞斯與威爾遜的發現是我們理解宇宙的轉捩點，它大大增添了我們對愛因斯坦方程式預測宇宙行為的信心。弗里德曼與勒梅特最簡單的膨脹宇宙模型，可告訴我們任何時刻的宇宙溫度。有了這項簡單的訊息，物理學家便能夠預測宇宙從最初幾秒鐘膨脹至今的一系列事件。我們或許無法確切知曉曾經發生過的每個單一事件，但確實可以據此建立起一幅大致公允的演化圖像，描繪溫度與密度如何隨空間膨脹變化，核子反應發生的時間與順序，以及原子與分子形成的時程。

　　大霹靂理論另一項重大的預言是宇宙裡氫與氦的豐度比例。在宇宙年齡小於 1 秒鐘、溫度高於 100 億度時，弱核力（weak nuclear force）的作用會維持質子與中子數目相等。由於中子的質量稍大於質子，在膨脹開始 1 秒鐘後，當宇宙溫度降到 100 億度以下時，這建構中子所需的額外些微能量，將導致質子的數目開始稍稍超過中子的數目。不過，由於中

子與質子間關鍵的弱交互作用速率太低，無法趕上空間的膨脹速率，因此它們彼此間數量不均衡的比例並未擴大，約維持在 1 比 6 左右。

在膨脹開始後大約 100 秒時，溫度降低到 1 億度，核子反應突然進行起來。由於自由中子很容易衰變，此刻中子與質子的數量比已略降至 1 比 7。幾乎所有倖存的中子都立刻與其他粒子結合形成氦 -4 原子核，只留下少數的氘、氦 -3 與鋰。從此，宇宙裡的核子物質有大約 25% 的氦 -4，75% 的氫，以及極少量的氘同位素、氦 -3 與鋰 -7。這些元素的豐度比例，正是我們今天在銀河系與其他星系裡所觀測到的數值。因此，天文觀測再一次確證了大霹靂宇宙模型。

大霹靂宇宙仍有後遺症

由於宇宙整體的空間廣闊，演化的時間久遠，因此精密的宇宙學觀測通常要求的技術門檻頗高。例如，理論預測 CMB 的平均溫度大約是 2.7K，也就是略低於攝氏零下 270 度，可以想見測量宇宙的背景溫度是一件多麼艱巨的任務，更甭提測量背景溫度的變化了。不過，在 1960 年代晚期，普林斯頓的物理學家卻發現一個可精準測量背景輻射溫度差的聰明方法：只要找出背景輻射強度的改變，並與偵測器的靈敏度

比較，就能精準測定背景溫度的變化，而不需實際測量溫度的值。利用這個方法，他們測出天空中兩個方向間的溫度差低於 1%。這代表背景輻射具備極不尋常的高均向性，而且宇宙裡並不存在可扭曲空間膨脹的巨型物質團塊。

在發現背景輻射的極高均向性後，宇宙學家開始將宇宙背景的平滑性與近乎完美的均向膨脹，視為難以理解的神祕問題。畢竟，在愛因斯坦場方程式眾多的數學解中，只有少數滿足宇宙學原理。因此，假如我們要從其中揀選出如此完美均勻的宇宙，機率必然不高。那麼該如何解釋我們在輻射背景上觀測到的高度平滑和均向性呢？這項難解的疑惑被稱為大霹靂宇宙學的「均勻性問題」（smoothness problem）。

由於物理訊息以固定的有限光速傳播，這一事實也指出廣闊宇宙的另一項奇異特性。當宇宙年齡為 1 秒時，光波所能傳遞的距離是 30 萬公里。從觀測者的角度來說，這代表膨脹開始 1 秒鐘後，宇宙視界的大小涵蓋半徑約 15 萬公里的範疇，其中包含大約 10 萬個太陽質量的物質。因此，在大霹靂後 10 秒鐘，視界只涵蓋 150 萬公里的距離，光波也只能影響大約 100 萬個太陽質量左右的物質。但我們實際觀測到宇宙的均勻範疇約是此數值的 10^{15} 倍。

假如我們仰望相隔 2 度角以上的兩塊天區，宇宙的年齡並不足以長到可讓光波在這兩塊區域間自由穿梭，因此兩者

無法互通能量，沒有機會達到平衡，溫度也就不可能一致。但我們已知整個天空涵蓋了一層無比均勻的 CMB，顯示理論計算所得的視界距離違反了天文觀測的結果，這就是所謂的宇宙「視界問題」（horizon problem）。

此外，物理學家對於「大統一理論」（Grand Unified Theory）的信念，也為宇宙帶來前所未見的新問題：當電磁作用力在早期宇宙統一浮現時，必伴隨產生大量的磁單極（magnetic monopole）──那是狄拉克在 1931 年時所預測存在、且具有超大質量的一種新粒子。磁單極只在與其反粒子碰撞時，才會被消滅。不幸的是，磁單極一旦形成，極少有機會遭遇反磁單極，因此宇宙裡應該充滿了這種奇怪的粒子。由於磁單極對宇宙密度的貢獻，大約是全部恆星與星系總和的 10^{26} 倍，這樣的宇宙不可能存在 140 億年這麼久而不崩塌，也不可能會有讀者在這裡閱讀此文章。這個新粒子所帶來的超級大災難，就是宇宙的「磁單極問題」（monopole problem）。

大霹靂宇宙模型雖然能夠成功解釋天文學家所觀測到的星系退離、微波背景，以及 99% 以上的元素豐度等現象，但它至少留下了上述的三大問題，以及早先提到的「平坦性問題」等困惑，亟待解決。這提供了各種關於早期宇宙學說興起的契機。

顧史的暴脹宇宙

　　現任教於美國麻省理工學院的物理學家顧史（Alan Guth, 1947- ），1980 年代初期在史丹福直線加速器中心（Stanford Linear Accelerator Center）擔任博士後研究員時，為了解決磁單極問題而提出了暴脹宇宙（Inflationary Universe）的概念。顧史認為，早在磁單極產生前，甚至在物質與反物質對稱性破壞之前的早期宇宙，曾有過一段極短暫的暴脹時期，空間在此階段急遽地加速擴張。

　　顧史的構想非比尋常。我們知道德西特的真空宇宙總是處於加速膨脹的狀態，從過去到恆久的未來，空間擴張從不止息。我們也知道，像勒梅特所提出的宇宙模型，初期的減速膨脹會在宇宙常數的排斥效應超越萬有引力時，逐漸轉為加速擴張。這些宇宙都有一個特點：空間一旦開始加速，便不再停歇。從沒有人曾建構出在短暫加速後，轉變成減速膨脹的宇宙模型。

　　顧史找到一個可提供短暫排斥重力的能量來源——純量場（scalar fields）。這種形式的能量變化緩慢，遠不及宇宙的擴張速率，因此而產生如宇宙常數般的萬有斥力，對空間施加負壓力或張力。但和宇宙常數不同的是，這種排斥效應是暫時的，純量場遲早會衰變成為普通的輻射，或其他只能施加

正壓力或萬有引力的基本粒子。所以，如果在非常早期的宇宙裡曾存在這種可提供正確斥力型態的物質，它便能在衰變成一般的物質及輻射前，短暫地驅動宇宙加速膨脹。

　　宇宙短暫的暴脹，提供我們一個自然的機制，可一併解釋「平坦性問題」、「均勻性問題」以及「視界問題」。在宇宙剛誕生不久，空間便疾速膨脹，其擴張的速率遠遠超過大霹靂。於是，空間在極短的時間內，膨脹到超乎想像的程度。若將空間當成膨脹的氣球表面，由於氣球實在脹得太大，使得觀測者只能看到平坦的表面，空間原本的彎曲程度早已無關緊要，也無法回溯。同時，在暴脹過程中，空間變得非常平滑，在各方向上即便存在若干差異，也會因空間的脹大而逐漸弭平。此外，由於空間膨脹速率遠超過光速，原本互不接觸的區域，早就被急遽膨脹的空間涵括在同一個視界範圍內，因此熱平衡可輕易建立，造就宇宙微波背景上處處均一的溫度。

　　「磁單極問題」也可在暴脹宇宙裡迎刃而解。根據大統一理論，磁單極形成時的密度大約是每哈伯距離內含有一顆磁單極粒子。宇宙暴脹時，急遽脹大的空間將每個磁單極的間距拉長到遠超過一個哈伯距離以上，有效降低了可觀測宇宙裡的磁單極密度，拯救宇宙免於磁單極所造成的大災難。

　　不過暴脹有個難以承受的副作用：空間膨脹也會稀釋大

霹靂原本的能量，因此暴脹會造成宇宙溫度急速降低。為了讓宇宙在暴脹後回歸大霹靂的演化路徑，通常物理學家假設在暴脹結束後，宇宙會經歷一段再熱化（reheating）的過程，將溫度升高，以利後續的發展。目前，我們並沒有標準理論可檢視再熱化的過程細節，它仍是宇宙學家積極研究的對象。

宇宙暴脹雖可輕易解決前述那些大霹靂模型所留下來的難解奧祕，但這充其量只是事後諸葛，有點先射箭再畫靶的味道。對宇宙學家而言，暴脹最重要的功用，其實是它給了我們一個自然的機制，來解釋大尺度結構（large scale structures）的形成原因。

量子起伏與宇宙微波

量子起伏（quantum fluctuations）在探討宇宙本質及大尺度結構的形成上，扮演了非常重要的角色。我們可以將它分成兩個部分來討論：「量子」與「起伏」。試想一個完全均勻、沒有瑕疵的能量分布，即使處在宇宙膨脹的狀態下，也不會產生任何結構。所以我們必須先在宇宙中播撒一些種子來破壞這種對稱，才可能產生結構。這個動作的關鍵就在「起伏」。可是，使用與量子效應相對的古典起伏（classical fluctuations）不行嗎？量子起伏和古典起伏究竟有何不同？那

就要看是哪一種起伏，可以成功地解釋潛藏在 **CMB** 裡的微弱訊息！

暴脹造成宇宙快速膨脹，空間裡所包含的一切物質結構就像磁單極一樣，都被稀釋到幾乎真空的狀態。可是今天的宇宙卻充滿著星系和大尺度結構。那麼，幾乎真空的宇宙是如何演化出目前多彩多姿的樣貌呢？就像傾盆大雨後所留下的小池塘一樣，假以時日便慢慢有魚出現，我們會好奇那魚是怎麼來的？同樣地，形成今日宇宙裡大尺度結構的「種子」究竟是什麼？這包含了兩個問題：種子從何而來？演化的過程又是什麼？

再以平靜的池塘為例，塘內水面平滑如鏡。若丟入一顆小石頭激起了波瀾，但過一陣子後，水面依舊趨於平靜，並不會因此而形成大型旋渦或水柱。宇宙也是如此，即便早期宇宙裡有一些能量的擾動或起伏，也未必會形成大尺度結構。當暴脹結束後，再熱化過程產生了物質能量，那麼一開始的能量漣漪從何而來？倘若是一般的統計誤差，譬如熱平衡系統的溫度起伏，那這些能量起伏是否足以演化成今日的大尺度結構呢？又或者一開始的能量起伏，是由不同機制所產生的？若真如此，它們的特性可以和熱系統的溫度起伏區隔嗎？如果宇宙裡沒有任何起伏，那麼今日大尺度結構的種子從哪裡來？若宇宙裡充滿了能量起伏，那又如何產生這種能量起伏

呢？關鍵就是暴脹場所產生的量子起伏，即暴脹起伏（inflation fluctuations）。

可是我們要如何得知這些曾經發生過的事呢？若把宇宙比喻為一個池塘，CMB 就相當於淹滿池塘的水，而水面的波紋便是清風吹拂的記憶。因此，在早期宇宙中曾經發生過大大小小的事件，都被忠實地記錄在 CMB 裡。就如同天文學家從恆星光譜探索星體的結構與發展一樣，宇宙學家則從 CMB 的頻譜裡搜尋宇宙發生過的事。

我們可從 CMB 的資料裡得知，早期宇宙的能量分布就像充滿雜亂小水波的池塘。可是這些細微的起伏又有很特別的特徵。如果做頻譜分析，我們會發現宇宙在不同頻段的行為都是一樣的。簡單地說，驅動暴脹的純量場具有量子起伏，導致宇宙裡每個區域結束暴脹的時間不一致。由於這些區塊在宇宙早期是彼此沒聯繫的，而暴脹結束的時間不同，會造成下一個階段「再熱化」的啟動時間不同，所以就產生了不同區塊的溫度略有差異。先結束暴脹的區塊使得再熱化過程也提早結束，進而啟動後續的膨脹降溫程序，導致溫度降低一些。同理，晚結束暴脹的區塊，溫度就相對高一些。由於這種進入下一階段的初始條件並無規律可循，自然造成每個區塊的溫度起伏，也就解釋了 CMB 上溫度的起伏現象。

但是，因為重力和空間膨脹的影響，量子起伏所造成的

現象遠比我們所想像的要複雜許多。不同時期的宇宙，由於組成與膨脹速率不同，也會在 CMB 裡造成不同的紀錄。簡單分類的話，暴脹起伏會造成物質能量密度及空間的擾動（即重力波）。比較特別的是，重力波的訊號不受環境干擾，可以一直持續至今。另一方面，從物質的分布看來，量子起伏如同一般光波或聲波可被解析成很多不同頻率的振盪模式一樣，也可以被解構成不同頻率的波動。因為物質大致上均勻分布在空間中，此時空間的急遽膨脹改變了物質的分布，也延展了所有頻率的量子起伏。但當那些低頻擾動的尺度超過視界距離後，它們就好像被凍結起來一樣，不再繼續振盪。這其實不難理解：因為視界的大小約等於光從宇宙創生之後所走的距離，我們可以把視界的大小，當成可傳遞訊息的最大範圍。

因此，當低頻暴脹起伏的波長遠大於視界的大小時，代表在這波動所及的範圍內，不同部位之間的物質彼此沒有聯繫，自然無法協調一致地振盪。由於物質能量的分布會隨宇宙膨脹而變動，因此雖然暴脹擾動的波長和視界涵蓋的範疇，都會隨時間脹大，但是彼此改變的速率，也會隨不同的宇宙演化階段而互有消長。在暴脹時期，長波長的量子起伏會急遽展延，迅速穿越視界而被凍結起來。可是之後的演化階段，視界範圍的增長比這些被凍結的起伏還快。於是，這些尺度

原本超越視界的暴脹起伏，就再度跨入可觀測宇宙的範圍內，形同被解凍釋放，如大夢初醒般復甦活躍起來，順勢成為擾動物質分布的源頭，造就了一連串的太初聲波（primordial sound waves）。

由於原本留在視界內的物質已演化成不同狀態，因此在受到暴脹起伏干擾時，會形成不同頻率的振盪。當早期宇宙仍處於物質匱乏的輻射主控（radiation-dominated）年代時，復甦的暴脹起伏沒能造成明顯的聲波。但在進入物質主控（matter-dominated）的階段後，宇宙產生了愈來愈多的物質，加上光與各物質正負離子間的交互作用，便形成了一個早期的電漿系統。於是，在不同時間重返視界的暴脹起伏，便在各頻率上造成不同的聲波振盪，也在太初電漿裡引起不同振幅的溫度起伏，而這些特殊的波動，全都記錄在 CMB 裡。今天，這個擁有特殊振盪樣貌的 CMB 異向性功率譜已被偵測到。由於其他關於宇宙大尺度結構形成的理論，都無法在 CMB 上產生像這樣特殊的振盪功率譜，因此這功率譜自然成為驗明暴脹理論的證據之一。

另外值得一提的是，如果我們將整個宇宙視為一個超級共振腔，那麼不同頻率的太初聲波，就可對應到此超級樂器所發出的各式聲音。由於兩點間的距離長度取決於不同彎曲型態的幾何特性，因此在 CMB 功率譜上，最低頻基音（也就

是以全宇宙的視界距離作為來回完整振盪一周的最大駐波）的波峰位置，就可直接反映出空間的彎曲型態，進而揭露空間的曲率常數值。因此，在大霹靂模型經歷了將近一世紀的發展後，我們終於在威金森微波異向性探測者號（Wilkinson Microwave Anisotropy Probe, 即 WMAP）所偵測到的 CMB 功率譜中，首度確認了大尺度的宇宙是可以用歐幾里德幾何描述的平坦空間。

此特殊振盪型態的功率譜，除了作為暴脹學說的明證外，理論所預測第一個波峰的位置和宇宙的曲率常數有關。對此功率譜的數據分析指出：我們宇宙的曲率常數等於零，代表歐幾里德的平坦空間可描述大尺度宇宙空間的幾何特性。

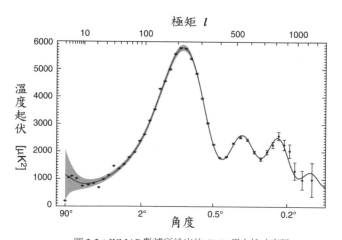

圖 2-2：WMAP 數據所繪出的 CMB 異向性功率譜。

在此必須對為何不使用古典起伏稍加說明。如果宇宙一開始是沒有能量起伏的，在產生物質之後，藉由與輻射之間的交互作用，建立起熱平衡，成為一般具有溫度起伏的熱平衡系統。但是這種能量起伏就沒辦法用來解釋宇宙背景輻射所觀測到的聲波現象。暴脹的量子起伏，被宇宙膨脹拉長，超越視界後遭到凍結，之後再解凍，並對後來的宇宙內含物產生一些宇宙聲波效應，也被記錄到 CMB 上。這麼精緻的物理機制，也可以解釋觀測到的數據，不得不令人更信服這理論的正確性。

在暴脹理論出現前，宇宙學家也曾設想，利用早期由大霹靂所產生的熱系統能量起伏作為大尺度結構的種子。可惜經計算之後發現，那不可能產生今天的宇宙物質結構。暴脹理論一項很重要的預測，就是它能滿足宇宙太初能量起伏的初始條件。這讓宇宙暴脹成為目前解釋結構形成的最佳理論。另一項暴脹的重要預言，則是重力波所產生的效應。太初重力波的偵測，不僅可以確認暴脹理論的正確性，更是愛因斯坦廣義相對論的最後一塊拼圖。

空間擾動的波瀾：重力波

回想我們之前將空間設想成一大張具有彈性的橡皮膜，

由於橡皮膜受到擾動會產生波動，因此當空間受到擾動時也會產生波瀾，那就是重力波。簡單的說，重力波就是空間隨著時間而產生伸張、變形；實際效應就是當兩個人靜止不動時，若有一重力波於此刻通過，他們之間的距離會隨著時間改變、來回振盪。可是重力波是如何產生的？又為什麼會產生呢？

廣義相對論的精義在於「空間告訴物質如何運動，而物質告訴空間如何扭曲」。我們可以想像物質與空間的關係就像是很多小球落在一有彈性的橡皮膜上，皮膜可能自己抖動，也可能因為小球的運動而被迫抖動。這種類比可以用來理解空間幾何的兩種可能變化：一種是空間自發性的變動，另一種則是因為物質能量起伏牽動空間的擾動。因此，我們可以想像除了早期宇宙空間自發性的波動外，波霎雙星（Pulsar binary）運動、超新星爆炸或是黑洞相撞等猛爆事件，照愛因斯坦的理論來預測都應該造成空間的劇烈變動，產生重力波。回歸到遠古時期的宇宙，暴脹不只會造成能量密度的起伏，同時也會製造出重力波。太初時期的重力波就是由暴脹機制產生的。

由於空間的彈性係數非常巨大，因此振盪起來的波幅極小，直接測量重力波便成了一件異常艱難的工作，測量儀器也一直持續改進中。因為重力波實在太微弱，所以測量儀器的訊噪比很重要。就像是要收聽訊號微弱的電臺頻道，常常

因為背景雜訊過於嘈雜而無法分辨，重力波的測量也有相同的困擾。所以，降噪一直是重力波探測儀的一個研究重點。除了直接測量之外，我們也可以尋找重力波在宇宙中所留下的跡證。這好比觀測一片乾涸的地面，地形的結構可以告訴我們河流曾經存在的證據。在臺灣西海岸的沙灘，每當退潮後，沙灘上遺留下來的潮汐痕跡就是一例。同理，重力波拉扯著空間，造成宇宙背景輻射與其中的粒子運動受到影響，進一步地影響到電磁輻射與電子間的交互作用。基本上，重力波造成空間的拉扯，在其間的背景輻射密度也跟著有所變動。如果把電子當成探測器，那電子就會看到本來是溫度均勻的背景，因為重力波通過，而測到某個方向的溫度變高（空間被壓縮）。相反地，在另一個方向上溫度就會降低（空間被拉扯開）。當電子再輻射光時，就會把看到的資訊反映在輻射裡。這些輻射會混在宇宙微波背景中，形成可觀測的跡證，也就是 CMB 上的特殊 B 模態圖案。

南極觀測：太初重力波的測量

就像電磁波有偏振的行為一樣，重力波也有偏振。可是我們一般在宇宙學上講的重力波所造成的 E 模態偏振和 B 模態偏振，並不是指單一重力波的偏振圖案，而是以觀測繪圖

上，類比電場線和磁場線的形狀來取名的。我們實際上觀測到的，還是宇宙背景輻射跟自由電子作用後的結果。電磁輻射的電場來回振盪，帶動了電子在同方向振盪，然後輻射出那個方向的偏振光。這種交互作用就像是一種偏振的機制。而重力波經過時，因為空間被壓縮或是拉扯，造成空間變小或變大，導致光子密度改變，也就產生了溫度高、低的落差。這種不同方向的溫度落差被自由電子「看到」，因應作用後產生新的偏振光，在今日抵達地球時讓我們觀測到。將數據畫成圖後，即可見到 B 模態的偏振。可是這種偏振並不容易觀測到，因為由重力透鏡（gravitational lensing）在物質能量分布上所引起的 E 模態效應，要比 B 模態大許多。可是能量密度起伏並不會產生 B 模態的偏振，重力波才會。這幫助了我們區分數據，來判斷是否有太初重力波存在。所以，即使 B 模態很難偵測到，不過一旦測到之後，若能排除其他成因，便能說確實量到太初重力波在 CMB 上所留下的效應。不幸的是，星塵也會造成 B 模態的偏振，所以觀測並找出星塵的分布與效應，並想辦法去除這個污染就變得非常重要。

2014 年 3 月，在南極觀測的 BICEP2 團隊開了記者會，宣稱觀測到在 CMB 裡的重力波訊號，指的就是這一種 B 模態偏振。這消息震驚了物理界，所有的宇宙學者都感到非常興奮。想到人類在宇宙中是那麼的微不足道，可是竟然可以經

由數學、物理去了解整個宇宙，真是件不可思議的事。想像一下，那種情景就像是我們人體內的病毒，經由科學分析可以了解我們人體的結構，並了解我們的一生一樣，甚至有過之而無不及！

可惜這種興奮之情並沒有維持太久。就像其他重大的科學發現一樣，事情總是沒有那麼順利。2015 年 1 月，負責觀測全天空宇宙微波背景輻射的普朗克團隊發布了他們的觀測資料，顯示星塵的效應比想像中來得大，而 BICEP2 的結果並沒有嚴謹的去除星塵效應。雖然兩個團隊所測量的頻段略有不同，但 BICEP2 所觀測的是某個特定角度的數據，而普朗克團隊所測的則是全天空的數據。不管如何，至少我們並不能肯定地說 BICEP2 的觀測結果的確證明觀測到太初重力波。現在爭論已經塵埃落定，BICEP2 的結果看來應該是由星塵造成的。說不定觀測的結果混雜了重力波和星塵的共同效應，但這是科學，不能僅憑猜測，必須很嚴謹地反覆檢驗。但 BICEP2 的觀測精準度比其他團隊來得精準也是不爭的事實，或許在不久的將來，下一階段的觀測可獲得重大的發現。

事實上在 2014 年時，全球物理學界普遍期待美國的雷射干涉儀重力波觀測站（Laser Interferometer Gravitational-Wave Observatory，簡稱 LIGO）的升級計畫，希望能在未來五到十年內直接捕獲重力波的訊號。雖然如此，BICEP2 這令人沮喪

的結果還是讓一些宇宙學者開始認真思考最壞的可能情況：當儀器精密度改善之後，如果我們還是找不到重力波訊號的話，那代表什麼意義呢？宇宙早期是否真的經歷一段急遽擴張的暴脹時期呢？我們是否準備好因應沒有重力波存在的宇宙？更基本的問題是──我們該如何看待廣義相對論呢？

正當宇宙學家們竭盡腦力認真思考以上這些可能性時，令人振奮的消息迅即到來。2016 年 2 月 11 日，LIGO 團隊發表了他們最新的觀測結果，宣布 LIGO 的兩個觀測站首次直接偵測到由太空深處一對黑洞合併所發出的微弱重力波訊號 GW150914。隨後偵測到的兩次事件 GW151226 與 GW170104 讓我們更確認重力波的存在。這不僅應驗了愛因斯坦的預言，更開啟了宇宙學的全新視角，預期太初重力波終將為我們捎來極早期宇宙劇烈變局的幽微訊息。

宇宙真的有起點？

撇開太初重力波不談，暴脹理論基本上可說是非常成功的。可是我們必須謹記在心的是──造成今天宇宙大尺度結構種子的暴脹量子起伏，曾在太始之初被快速放大。若把時間往回推並估算這些量子起伏的大小，我們會發現它們都源自於比普朗克長度（Planck length 大約等於 10^{-35} 公尺）還小

的結構，然後被宇宙膨脹所擴大。這就產生了一個新的問題：在那麼小的時空結構裡，量子起伏非常大，那空間應該有什麼樣的結構？物質和空間的關係究竟是什麼？我們並不知道，也沒有一套理論告訴我們該如何處理這樣的基本問題。可是現在從理論計算所得出的預測，卻是假設不管發生什麼事，這些量子起伏都可以無縫接軌的變成現有理論的初始條件。這是很令物理學家困擾的，除了顯現出理論的不足外，也凸顯了重力理論與量子理論在微小世界的格格不入。

　　一般而言，我們都認為在普朗克尺度的極細微範疇內，應該有一套新的理論，也就是量子重力論，作為探索的憑藉。因為愛因斯坦的廣義相對論連結了物質與時空，而量子理論告訴我們物質在那麼小的時空結構下是測不準的、有很大起伏的，所以在小於普朗克長度大小的時空區塊裡，空間應該也有類似的量子現象。如果否定這種想法，那我們就要反問，若在小尺度下物質能量起伏很大，而空間結構卻可以照舊不受影響，那又如何解釋大尺度下的物質與時空連結的廣義相對論呢？

　　有趣的是，目前理論的假設就是——即使不曉得在那個階段發生了什麼事情，這些量子起伏都可以安然度過這尷尬的時期，被宇宙膨脹所放大到目前理論可以運作的大小。而這樣的理論假設所預測的結果，卻又可以很好的解釋宇宙背景

輻射上所遺留的資訊。雖然暴脹很成功的幫我們理解了很多宇宙現象，可是超普朗克尺度（Transplanckian）的問題還是很耐人尋味。

即使撇開超普朗克問題不談，更基本的問題則直指宇宙的起點。既然宇宙在膨脹，那往回推就會回到宇宙創生的那一刻，那一定是雷霆萬鈞的，可是為什麼有起點呢？起點之前又是什麼狀態？宇宙是否一直持續地重複一樣的創生、演化、結束的過程？或者我們的宇宙在創生之前，什麼都不是？不管如何，那一刻都是需要量子論的，所以我們需要量子宇宙學來幫我們解除疑惑。這是目前很多人投入的領域，詳情請參考本書第6章由余海禮與許祖斌所著的〈時間、廣義相對論及量子重力〉一文。

宇宙原來可以理解！

回首宇宙學的發展足跡，雖然還有很多未解之謎，但從神學、哲學一路演變到一門真正的科學，還是令人驚訝不已！畢竟宇宙跟實驗室大相逕庭，我們並不能對宇宙做重複、相同的實驗，或改變參數條件來重做實驗，以檢驗我們的理論。雖然宇宙學可以視為是一門應用科學，但宇宙學的理論與驗證，卻跟基本物理一樣的艱難、嚴謹。幸好，很多曾經發生

過的宇宙大事件的資訊，都被詳實記錄在宇宙背景輻射裡。
如今重力波的偵測與證實，大致上為廣義相對論畫下完美的
句點，並確認暴脹的概念在解釋上更貼近真實的宇宙，而太
初重力波終將帶給我們更直接的極早期宇宙資訊。一個世紀
以來人類對廣闊時空的探索，不斷展現出宇宙學就是一門如
此有趣又絕美的現代科學，完全印證了愛因斯坦的名言：「關
於宇宙最不可理解之事，就是它竟然可被理解。」

3

黑洞

卜宏毅、林世昀、曹慶堂

　　從廣義相對論開始，數學、天文學、量子力學、統計物理、流體力學、資訊理論、弦論、凝態物理，以及基本粒子物理的知識與觀點，都已陸續上場，加入黑洞物理的探究，交互激盪。下一次的哥白尼革命也許將從這裡點燃──或者，已經從這裡點燃了。

黑洞概念的萌芽

　　自從美國物理學家惠勒（John Archibald Wheeler, 1911-2008）在 1960 年代提出「黑洞」這個有趣的名字以來，這個能吞噬一切、連光也逃不出其魔掌的怪物，早已深入人心。不過歷史上第一個提出黑洞觀念的人，應該是英國的科學家米歇爾（John Michell）。他在 1783 年的一篇研究雙星系統的論文中，考慮物體從無限遠處掉到星體表面的問題。他發現如果星體的密度與太陽一樣，並且其半徑超過太陽的 500 倍，則物體到達星體表面的速度，會比光速還要快。

　　反過來說，假如我們在星體表面把物體扔向外太空，物體的初始速度得超過光速，最後才不會掉回星體表面；這就是牛頓力學逃離速度的觀念（圖 3-1）。把這個結果套進當時流行的光粒子論中，米歇爾指出，光也無法從巨大星體表面逃離，這種星體因此不會發光，也就成為我們現代所認知的

黑洞。可惜米歇爾並沒有進一步探討這個觀念，加上當時的
天文學家並不認為有比太陽大 500 倍的巨大星體存在，這種
黑暗巨大星體的想法也就慢慢被遺忘。

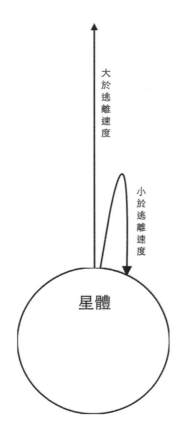

圖 3-1：若初始速度小於逃離速度，物體終會掉回地面；若大於逃離速度，則物
體會一去不回。

著名的法國科學家拉普拉斯（Pierre-Simon Laplace），在
1796 年也獨立地提出黑洞的觀念。在他當年出版的著作《宇
宙系統論》（*Exposition du Systeme du Monde*）中，於第六章
討論到太陽系的形成時，他指出如果恆星的直徑是太陽的 250
倍，而密度跟地球相當，則光也不能離開它的表面。不過 19
世紀，科學家們已經漸漸放棄牛頓的光粒子理論，而接受惠
更斯（Christiaan Huygens, 1629-1695）所提出的光波觀點。可
能是這個原因，在此書 1808 年的第三版中，這個有關黑洞的
猜想，就被拉普拉斯刪除掉了。

史瓦西的數學精確解

愛因斯坦終於在 1915 年完成描述重力的廣義相對論，其
中引進的彎曲時空觀念，對於當時的物理學家來說，是非常
陌生的。再加上其運動方程，即所謂的「愛因斯坦方程」，
是極為非線性的，要得到精確解一般而言十分困難；即便當
時愛因斯坦自己對於水星近日點進動的計算，也是採取微擾
的近似法。因此在 1916 年一次大戰期間，當愛因斯坦在德國
物理學家史瓦西（Karl Schwarzschild）由前線寄來的信函中，
讀到其方程在球對稱空間的精確解時，對此既簡單又漂亮的
時空解，不免感到驚奇萬分。之後愛因斯坦在普魯士科學院

代為發表，廣義相對論中的第一個黑洞解也隨之誕生。

史瓦西是著名的天文和物理學家，生於 1873 年的德國，他在科學方面的能力，很早就表現出來。在 16 歲時就發表第一篇學術論文，是關於星體運行的問題。1901 年史瓦西便成為哥廷根大學的教授，1909 年更轉任波茨坦天文臺的臺長，是德國天文研究極重要的職位，他並於 1912 年獲選成為普魯士科學院的院士。就在他的研究工作處於高峰時，第一次世界人戰在 1914 年爆發，年紀已過 40 的他，仍盡國民的責任參加軍隊的行列。他在東、西戰線都有服役，並升到砲兵的上尉軍階。

1915 年史瓦西在俄國前線時，得了一種免疫方面嚴重的皮膚病變。在戰火和病痛雙重困擾下，他仍能完成三篇學術論文，真的必須佩服其能力和毅力。其中一篇是前面提到的史瓦西黑洞精確解，還開創了黑洞的研究。可惜史瓦西因病在 1916 年退役，回到家鄉不到三個月就與世長辭，享年 42 歲。

奇異的史瓦西時空與事件視界

史瓦西去世後，他的時空解被廣泛應用在不同的重力問題上。史瓦西解是一個「真空」解，對應的是空間中沒有任何物質存在的狀況，因此可以描述星體外的彎曲時空，例如

水星近日點的進動、光線彎曲以及光離開星體表面的紅移等等現象。

但史瓦西解可以代表整個時空嗎？它的度規有兩個奇異的地方（圖 3-2），一個在原點，即中心奇異點，這裡的時空曲率是無限大，下面我們會再討論這個問題。另外一個在半徑為 $2GM/c^2$ 的地方，也就是所謂的史瓦西半徑；這裡 G 為重力常數，c 為光速，M 為中心星體的質量。史瓦西半徑其實非常小，像太陽那麼重的恆星，其史瓦西半徑也只有 3 公里。

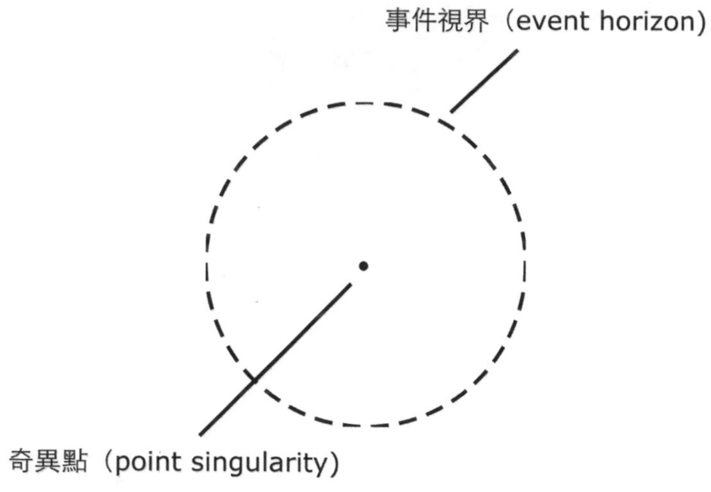

事件視界（event horizon）

奇異點（point singularity）

圖 3-2：由史瓦西解描述的靜止黑洞，有中心奇異點和位於史瓦西半徑的事件視界。

前面提到光逃離星體表面跑到外太空，為了克服重力位能，其波長會變長，頻率會下降，也就是所謂的重力紅移。如果星體的質量不變但半徑變小，則逃離其表面的光紅移的程度會隨之增加。當半徑縮到史瓦西半徑時，紅移變成無限大，於是和頻率成正比的光子能量變成零，逃離的光也就不復存在。因此星體的半徑少於此臨界半徑，光也就不能離開。這跟米歇爾和拉普拉斯提出不會發光的星體如出一轍，只是把巨人的星體換成極緻密的星體。

這樣連光都不能離開，成為只能進不能出、單向入口的事件視界（event horizon），就算是愛因斯坦，一時也無法接受如此怪異的觀念。當時愛因斯坦認為，這樣極緻密的星體不可能存在。其實在提出黑洞解的同時，史瓦西在另一篇論文中，已考慮一個等密度的簡單星體平衡模型，並指出當半徑為史瓦西半徑的 1.125 倍時，星體中心的壓力會變成無限大，這顯示半徑小於史瓦西半徑的極緻密星體，是不可能產生的。

為了檢驗史瓦西的想法，愛因斯坦在 1939 年提出另一個物質的模型，是一群粒子在互相的重力作用下，以圓形軌道運行達到平衡。但此一球型粒子群的軌道半徑，在小於史瓦西半徑的 1.5 倍時，粒子的速度會超過光速，所以這麼緻密的星體應該也是不可能發生的。

另一個可以不去擔心奇異的史瓦西半徑的原因，是關於

粒子在史瓦西時空的運動。勞侖茲（Hendrik Lorentz）的學生
卓斯特（Johannes Droste, 1886-1963），在 1916 年研究粒子在
史瓦西時空的軌道時，發現往中心掉落的粒子，對遠方的觀
察者而言，要經過無限長的時間，才會到達史瓦西半徑（圖
3-3）。換言之粒子愈接近史瓦西半徑，速度就變得愈慢，運
動好像被凍結住一樣，因此黑洞也曾被稱為凍星體。

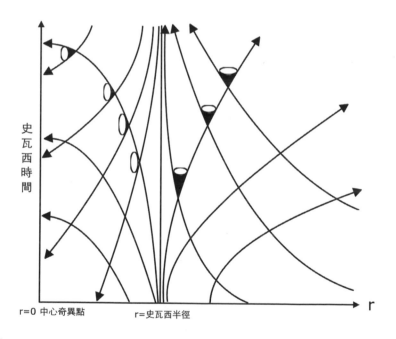

圖 3-3：史瓦西黑洞附近光線的軌道。事件視界內光都沒法離開，而對於遠方觀察
者，光也要無限長的時間，才能到達事件視界。

　　總之史瓦西半徑，似乎是一道不能超越的屏障，對黑洞外的我們，看來不會有任何影響。再加上愛因斯坦的權威意見，史瓦西黑洞的觀念就此沉寂；要等到 1950 年代，物理學家對黑洞的事件視界有更深入的了解後，它才又再引起廣泛的興趣。

　　其實，史瓦西半徑會造成這般奇異的現象，是座標選取的問題——度規（metric，表達某個座標下時間和空間長度的數學函數）的某些分量會在這裡發散（變成無限大），但物理現象卻沒有異常。早在 1921 年左右，潘勒韋（Paul Painlevé, 1863-1933）和古爾斯傳（Allvar Gullstrand, 1862-1930）就分別找到在史瓦西半徑並不發散，卻同樣描述史瓦西黑洞的新度規，後來愛丁頓（Arthur Eddington）和芬科斯坦（David Finkelstein, 1929-2016）也提出類似的度規。在 1930 年代羅伯遜（Howard Robertson）首先指出，掉進黑洞的觀察者，會覺得在有限的時間之內，即他自己有限的原時（proper time），就能到達史瓦西半徑（圖 3-4）。因此此半徑並不是一個屏障，更不是真正的奇異點。掉進去的觀察者，也不會在穿越史瓦西半徑時，感覺有任何異狀。

　　至於史瓦西和愛因斯坦所提出、關於小於史瓦西半徑的星體不可能存在的模型計算結果，從新的觀點來看，其實都表示在巨大的重力作用下，沒有任何古典物理的作用力，可

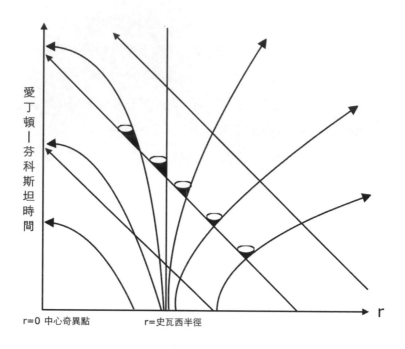

愛丁頓—芬科斯坦時間

r=0 中心奇異點　　　　r=史瓦西半徑　　　　r

圖 3-4：對於掉進黑洞的觀察者，在有限時間內就可通過事件視界。

以抗拒黑洞的形成。

神祕的中心奇異點

史瓦西黑洞解的另一個奇異點，是位於黑洞的中心，物理上它是真實的奇異點，時空曲率在這裡會變成無限大。但發散的量出現，也有可能代表理論本身的問題，所以包括愛

因斯坦和愛丁頓等出名的科學家，對這個奇異點都持保留的態度。自然界真的會有極緻密的星體嗎？而中心的物理奇異點真的會產生嗎？

1939 年歐本海默（J. Robert Oppenheimer, 1904-1967）和史奈德（Hartland Snyder, 1913-1962），對於球對稱星體的重力塌縮進行詳細的計算，發現以和物質一同掉落的觀察者角度來看，崩塌在有限的原時內就會形成中心奇異點，這看起來是無可避免的。

球對稱模型最重要的應用，當然是恆星的結構方面。恆星的一生中大部分時間，都是靠中心的核融合作用產生巨大的能量，來維持熱氣體的壓力，以抗衡重力塌縮的力量。但恆星中心的燃料終有一天會耗盡，那還有其他的力量可以抗拒重力的塌縮嗎？

1930 年，年輕的印度大學畢業生錢卓塞卡（Subrahmanyan Chandrasekhar, 1910-1995），在坐船前往英國深造的旅程中，發現如果星體質量少於約 1.3 倍太陽質量，則物質的電子因包立（Wolfgang Pauli, 1900-1958）不相容原理而產生簡併壓力，可以抗拒重力的塌縮。錢卓塞卡也因此獲得 1983 年的諾貝爾物理學獎。

但若星體質量大於被稱為「錢卓塞卡極限」的 1.3 倍太陽質量，電子的簡併壓力將無法抵擋重力的塌縮，取而代之是

中子的簡併壓力。歐本海默和佛寇夫（George Volkoff, 1914-2000）在 1939 年最早考慮這個問題，並計算出 0.7 個太陽質量的極限。更現代的計算，其中對於中子物質有更好的描述，則發現在超新星爆炸後剩餘質量為 1.4 到 3 個太陽質量的星體，其中子簡併壓力可以抗拒重力塌縮，而形成一顆中子星。現在我們相信天文觀測中的脈衝星，就是中子星。

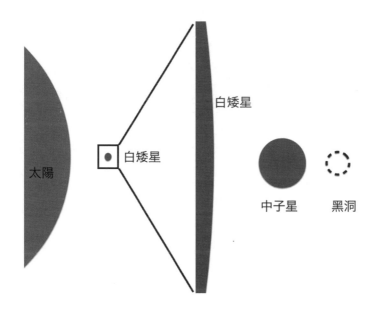

圖 3-5：和太陽質量相當的白矮星、中子星和黑洞，其半徑的相對大小。其中，事件視界其實是個摸不到的、假想的黑洞表面（在圖中以虛線表示）。事件視界的大小和黑洞的質量成正比：一個具有太陽質量大小的靜止黑洞，其事件視界大約為 3 公里；而對一個具有 10 億個太陽質量的靜止黑洞來說，其事件視界為 30 億公里，大約是太陽到冥王星的距離。

　　至於超新星爆炸後還大於三個太陽質量的星體，連中子簡併壓力也無法抵抗其崩塌，正如歐本海默－史奈德的模型所描述。它們最後會形成具有中心奇異點的黑洞嗎？自然界真的會有彎曲率無限的奇異點嗎？還是歐本海默－史奈德模型太過於簡化了呢？這是 1961 年蘇聯科學家哈拉尼科夫（Isaak M. Khalatnikov, 1919-）和利弗席茲（Evgeny M. Lifshitz, 1915-1985）所提出的疑問。為了更深入了解，他們在歐本海默－史奈德模型中加上微擾，從微擾的表現來探討中心奇異點穩定的問題。

　　哈拉尼科夫和利弗席茲的計算發現，一些微擾會有發散的情況，這代表歐本海默－史奈德的中心奇異點的確是不穩定的。最主要的原因是球對稱的假定實在是太理想化，在實際的情形不可能成立。就像在牛頓重力的情況一樣，假如星體質量分布稍微偏離球對稱，在塌縮過程中，大部分的物質將會錯過中心點，最後向外散射而變成爆炸。因此歐本海默－史奈德中心奇異點，不可能出現在實際的自然界中。1962 年蘭道（Lev Landau）和利弗席茲更把這個結果，放進他們極有影響力的系列教科書中。

　　可是這個觀點在 1964 年，有了重大的改變。英國的數學家潘若斯（Roger Penrose, 1931-），首次提出以拓樸的方法，來考慮塌縮的問題。由於拓樸學是關注空間整體的特性，而廣

義相對論是比較注重空間局部的變化。因此當時大部分研究
重力的科學家，並不太熟悉拓樸的方法。潘若斯則利用拓樸
學，來證明他的奇異點定理。其中指出若有表觀視界（apparent
horizon，即光線不能往外離開的範圍邊界）形成，則奇異點
的產生是無可避免。

　　哈拉尼科夫和利弗席茲的計算，顯示歐本海默－史奈德
中心奇異點在非理想狀況下不會形成，但潘若斯卻證明了物
理奇異點必須存在，那到底問題出在哪裡呢？據說物理奇異
點不見容於當時共產黨的馬克思主義哲學，在政治上是非常
不正確的，因此前蘇聯科學家要肯定物理奇異點的存在，得
有很大的勇氣。不過 1969 年，哈拉尼科夫和利弗席茲與貝林
斯基（Vladimir Belinski, 1941-）還是展開了更仔細的研究，
結果發現情況遠比之前的分析複雜太多。他們發現了有名的
BKL 奇異點，接近這類物理奇異點時，空間在不同方向上的
脹縮會隨時間呈現混沌的振盪，這是之前他們完全沒有想到
的現象。雖然 BKL 的分析主要以宇宙學模型為對象，之後的
許多數值計算結果顯示，重力塌縮到中心奇異點附近時，也
會有類似的情形。

　　至於潘若斯的拓樸方法，也從此成為研究重力理論重要
的工具。尤其是在 1970 年，霍金和潘若斯就利用拓樸方法，
證明宇宙學的奇異點定理，即大霹靂宇宙模型必始於一奇異

點。而如果以後宇宙停止膨脹，並開始收縮，則最後又會回歸到另一個奇異點。霍金更利用這個方法，來證明他的事件視界面積只增不減的定理，並藉此引進黑洞熱力學，本文後半我們會對黑洞熱力學，有更詳細的描述。

奇異點的產生，在廣義相對論中是無可避免的。但重力塌縮所形成的奇異點都伴有事件視界，使外面的觀察者無法探查其特性。潘若斯為了解這是否為一般情形，曾努力尋找沒有事件視界裹身的「裸」奇異點，但都沒有成功。因此他在 1969 年提出所謂宇宙審查假說（Cosmic censorship hypothesis），認為除了大霹靂奇異點外，就沒有其他裸奇異點。

宇宙審查假說到目前仍是一個懸而未決的問題。1991 年霍金、索恩（Kip Stephen Thorne, 1940- ）和普雷斯橋（John Preskill, 1953- ）就因此打賭（圖 3-6），霍金代表主流的想法，認為裸奇異點不可能存在；而其他兩位在加州理工學院的教授，則認為裸奇異點有可能存在，並可供科學家觀察研究。賭注是 100 英鎊對 50 英鎊，輸的人還要送贏的人 T 恤，並寫上一句認輸的話。

1997 年德州大學的查兌克（Matthew Choptuik），利用數值相對論的方法，以電腦計算，發現在一些極特殊的初始條件下，確實有裸奇異點產生。於是霍金只好認輸；不過在送給普雷斯橋和索恩的 T 恤上，他寫的還是「自然界憎惡裸奇

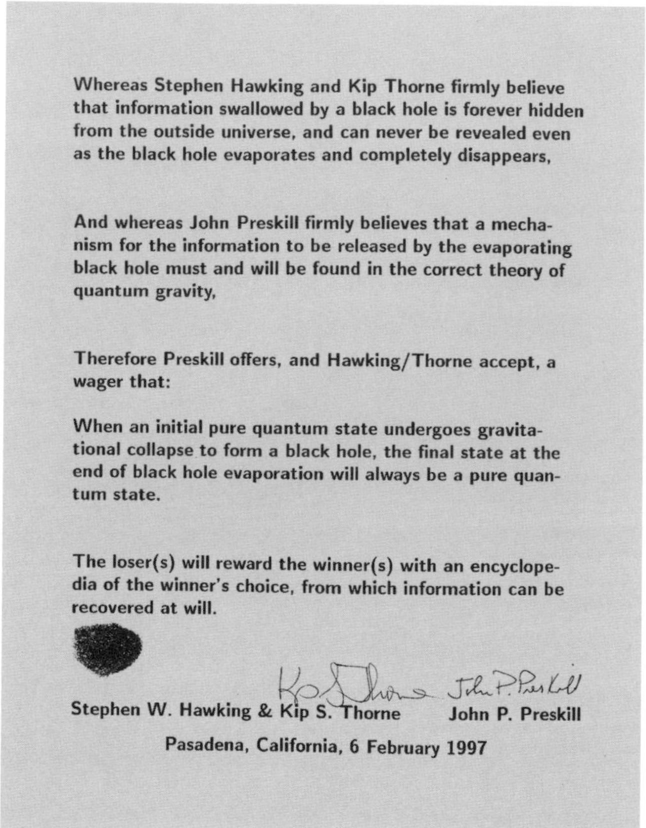

Whereas Stephen Hawking and Kip Thorne firmly believe that information swallowed by a black hole is forever hidden from the outside universe, and can never be revealed even as the black hole evaporates and completely disappears,

And whereas John Preskill firmly believes that a mechanism for the information to be released by the evaporating black hole must and will be found in the correct theory of quantum gravity,

Therefore Preskill offers, and Hawking/Thorne accept, a wager that:

When an initial pure quantum state undergoes gravitational collapse to form a black hole, the final state at the end of black hole evaporation will always be a pure quantum state.

The loser(s) will reward the winner(s) with an encyclopedia of the winner's choice, from which information can be recovered at will.

Stephen W. Hawking & Kip S. Thorne   John P. Preskill

Pasadena, California, 6 February 1997

圖 3-6：1991 年霍金、索恩和普雷斯橋，對於宇宙審查假說的賭約。

異點」（Nature abhors a naked singularity）這句不太服輸的話。
由於查兌克所用的初始條件極為特殊，因此霍金等三人又立
下另一賭注，考慮在一般的初始條件下，裸奇異點能否產生。
到目前為止，這個賭注仍未分輸贏。

帶電的黑洞 ——兩個視界

自然界有兩種長距離的作用力：重力和電磁力。因此在
史瓦西黑洞解發表後不久，科學家們便很自然地尋找帶電又
球對稱的黑洞解。首先是德國的萊斯納（Hans Reissner, 1874-
1967），在 1916 年提出帶電的球對稱黑洞解（有趣的是，他
並不是職業物理學家，而是航空工程師）。接著著名的德國
數學家外爾（Hermann Weyl）在 1917 年，和芬蘭的物理學家
諾斯壯（Gunner Nordström）在 1918 年，都提出類似的黑洞解。
因此，人們稱它為萊斯納–諾斯壯黑洞（萊–諾黑洞）。

萊–諾黑洞（圖 3-7）跟史瓦西黑洞一樣，有只能進不能
出的事件視界和中心奇異點。但萊–諾黑洞不同的地方是它
有兩個視界，外面的是事件視界，一個掉進萊–諾黑洞的觀
察者，進入外視界後，徑向座標會從類空間（spacelike）變成
類時間（timelike）（史瓦西黑洞的情形也一樣），他只能往
內掉，無法退出，就像時間無法倒流一樣。但通過內視界後，

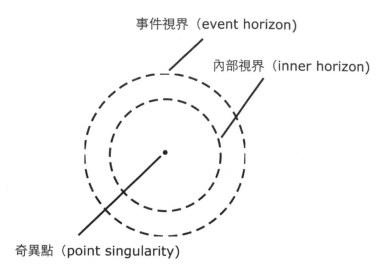

事件視界（event horizon）

內部視界（inner horizon）

奇異點（point singularity）

圖 3-7：由萊斯納－諾斯壯解描述的帶電黑洞，有內外兩個視界。

徑向座標又變回類空間，因此觀察者可以選擇往中心奇異點，或是往外通過一個帶電的白洞，而到達另一個宇宙。萊－諾黑洞真的可以作為通達不同宇宙的蛀孔（wormhole）嗎？看起來有一點不可思議，但它的確是廣義相對論給出的解。

當黑洞的電量愈大，則內外視界會愈接近。當電量到達一個臨界量，則內外視界會合而為一，就是所謂極值黑洞（extreme black hole）。極值黑洞有「超對稱」（即自旋為整數的玻色子和自旋為半整數的費米子之間的對稱）的特性，會出現於超重力的理論中。

如果電量增加超過這個臨界值，則兩個視界都不復存在，外界便可以觀察到裸露的中心奇異點。萊－諾超極值黑洞，是最典型的裸奇異點，其存在好像跟宇宙審查假說有所衝突。如果宇宙審查假說是正確的，這種黑洞就不可能產生，但到目前為止，仍沒有完整的證明。

潘朵拉的盒子──克爾的旋轉黑洞

愛因斯坦在 1915 年完成廣義相對論，1916 年史瓦西就提出球對稱的黑洞解，接著萊斯納和諾斯壯，在一、兩年後發表帶電的黑洞解。可是一般的物質，大都是中性，而星體卻常有旋轉運動，在塌縮而成為黑洞後，應仍保有一定的角動量。因此物理學家努力尋找帶有角動量的旋轉黑洞解，結果居然要經過近 50 年，才由紐西蘭的物理學家克爾（Roy Kerr, 1934- ）在 1963 年找到，可想而知其困難度。

1960、70 年代被稱為廣義相對論的黃金時代，重力的研究成為物理的主流之一。克爾黑洞解的發現，也是其中非常重要的工作。雖然旋轉對稱比球對稱只少了一個對稱性，但愛因斯坦方程卻變成甚為複雜，耦合的偏微分方程難以分離而各個擊破，使物理學家在將近 50 年中都無法解開這難題。克爾之所以成功，是因為他從不一樣的角度來處理這個問題。

其中他所運用的一個新觀念，是有關重力場的分類。

1954 年蘇聯物理學家佩綽夫（Aleksei Z. Petrov, 1910-1972），提出對重力場分類的觀念。描述重力場，也就是時空的彎曲度，通常會用黎曼張量或外爾張量。考慮如外爾張量的對稱性，則在一般的情形，可以用一個三乘三的複數矩陣來表示。佩綽夫則利用分類此矩陣的代數方法，即對應的本徵值和本徵空間，來處理時空局部的分類。

佩綽夫分類法一開始並沒有受到重視，但到 1960 年代物理學家慢慢發現其重要性。有趣的是雖然史瓦西和克爾黑洞很不一樣，但它們在佩綽夫分類下都屬於同一類型。克爾藉著研究這類型的解，以及它們的對稱性，而找到旋轉黑洞的度規，解決了一個懸宕多年的難題。兩年後的 1965 年，美國物理學家紐曼（Ezra T. Newman, 1929- ），便找到帶電又旋轉的克爾－紐曼黑洞。

克爾旋轉黑洞（圖 3-8）跟萊－諾黑洞一樣，也有內外兩重視界。與萊－諾黑洞不一樣的是，在外視界外，另有一個面叫「靜止極限」，這表面和外視界之間的空間，就是「動圈」（ergosphere）。在動圈內任何物質包括光，都要隨著黑洞旋轉，不可能靜止不動。由於時間座標在動圈中變成類空間，因此物質的能量正負均可。在 1969 年潘若斯便提出，要是某塊物質在動圈中一分為二，而其中一半帶有負能量並掉進黑

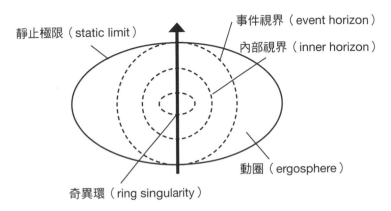

圖 3-8：由克爾解所描述的旋轉黑洞，有動圈、內外視界和奇異環。

洞，則另一半可以往外離開動圈，並擁有更多的能量。利用這種所謂的「潘若斯過程」（Penrose process），我們能從旋轉黑洞中提取能量，其來源是黑洞的旋轉能量，黑洞也因此會減慢其轉速。

克爾黑洞的時空曲率發散處，並不是在中心點，而是位於內視界內、赤道平面上的一個「奇異環」。環的半徑跟轉速成比例，當轉速趨於零，則奇異環也會縮成中心奇異點。如果物質在赤道平面掉進黑洞，其遭遇也和掉進萊－諾黑洞一樣，能在進入內視界後，避過奇異環，再從另一個克爾白洞離開，而到達別的宇宙，因此延伸的克爾黑洞，也可以成為一個蛀孔。

若不從赤道平面掉進克爾黑洞，則物質可以穿過奇異環

內正常的區域，而不接觸到時空曲率發散的地方。通過後的時空，必須看成是克爾時空的延伸。通常我們定義的半徑總是大於或等於零，但這延伸時空中的徑向座標是負的，而且還允許封閉的類時間世界線（closed timelike curve/worldline）存在，這將會破壞因果律──一旦延伸時空夠穩定，克爾黑洞便可能作為時光機器。

總之克爾黑洞內部，好像潘朵拉的盒子，藏著如奇異環、白洞、蛀孔、封閉的類時間世界線、時光機等等怪象，有待科學家進一步探索了解。不過天文學裡對黑洞的討論，是針對能被觀測到的現象，因此黑洞內部怪異的時空結構，就不屬於天文學的範圍了。

黑洞的觀測證據

像黑洞這樣奇特的時空結構，真的存在於宇宙中嗎？近代天文學的發現告訴我們：黑洞不但非常有可能存在，還比想像中的更有活力呢！通常黑洞在宇宙中並非獨處一隅，除了附近星體的運動可能受其影響之外，當物質被黑洞捕捉時，少數物質也有可能在掉入黑洞前被甩出，而形成巨大的高速噴流，造就宇宙中壯麗的風景。此外，黑洞的存在，也能對星系的結構造成影響，甚至對更大尺度的星系團結構扮演重

要的角色。

　　前文提過，恆星演化晚期會因為內部核反應燃料燒光，而喪失往外的壓力，最後因自身重力而塌縮，形成「緻密天體」，其成員包含了白矮星、中子星和黑洞。當星球塌縮時，星球內部的物質會因為電子和電子（或中子和中子）彼此的不相容，而產生電子（或中子）簡併壓力，進而抵擋重力的進一步塌縮並形成白矮星（或中子星）。而當以上兩種簡併壓力都無法抵擋星球不斷繼續塌縮時，假設大自然再也沒有解決方案能避免星球半徑進一步塌縮，最後就會形成黑洞。因為白矮星和中子星都有個質量上限，天體緻密且質量高於某個臨界值時，黑洞自然就成為目前理論上唯一可能的解釋。1964 年被發現的 X 射線源——天鵝座 X-1，是後來第一個被認為是黑洞的天體。天鵝座 X-1 位在一個雙星系統，其質量推測約有 10 倍的太陽質量，大於中子星的質量上限（大約 3 倍的太陽質量）；其 X 射線亮度變化所需的時間大約只有千分之一秒，意味著發射出這些 X 射線能量的區域大約只有數十個事件視界的大小。原來，這些 X 射線是當物質逐漸掉入黑洞時，它們變亮變熱所發出的能量。

　　除此之外，宇宙中還存在約有幾百萬到幾十億倍太陽質量的黑洞，我們稱之為超大質量黑洞（super massive black hole），其重量遠大於天鵝座 X-1 之類由恆星演化所造成的黑

洞。大部分星系中心都存在著超大質量黑洞，包括我們所居
住的銀河系的中心，但其形成過程我們還不清楚。圖 3-9 是美
國 UCLA 團隊長期觀測銀河系中心附近恆星運動的資料。這
些恆星繞著共同的質量焦點在運行。藉由恆星的軌道速率，
可以推出位在焦點上的天體約有 400 萬個太陽質量；而根據
軌道的大小，可以推出此天體大小的上限。有了重量和大小
的資訊，可以反推出這個位於銀河系中心的天體其本質最有

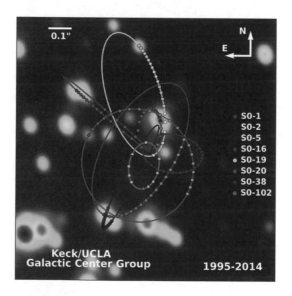

圖 3-9：藉由長年觀測銀河系中心附近恆星運動的軌道，可以推論出軌道的共同焦
點（約位於圖的中心處）存在一個約四百萬個太陽質量的超大質量黑洞 (The image
was created by Prof. Andrea Ghez and her research team at UCLA and are from data sets
obtained with the W. M. Keck Telescopes)。

可能是個約有 400 萬個太陽質量的超大質量黑洞。

黑洞與吸積流

　　1963 年，荷蘭天文學家施密特（Maarten Schmidt, 1929- ）確認，一個本來大家以為是恆星的天體 3C 273，其實是個遙遠星系（超過 10 億光年遠）的明亮核心，這類天體後來因此被稱為「類星體」（quasar）。類星體那麼遙遠，卻還是能被我們看到，這表示它必定能非常有效地產生輻射能量。

　　但是什麼樣的系統可以提供這樣的能量呢？天文學家多年後才了解到，原來類星體是離我們遙遠的超大質量黑洞正在進行吸積過程的表現。物質被天體重力捕捉而逐漸往天體掉落的過程稱為吸積（accretion）。在吸積過程中，物質因為本身攜帶有角動量，往往不會直接往天體掉落，而會繞著天體旋轉，在形成所謂「吸積流」（accretion flow）的結構、並慢慢損失角動量後，才能掉到中央天體。相較於其他不像黑洞那麼緻密的天體，黑洞的緻密特性，能讓物質在吸積過程中，有更多的重力位能可以轉換成輻射的形式釋放。這使得黑洞加上吸積流，成為目前已知宇宙中最有效產生能量的方式。

　　天文學家發現，儘管一般星系的輻射能量來源是由所有組成星系的恆星所貢獻，某些星系的主要能量來源卻集中在

星系的核心部分，其光譜的能量特徵也透露出這些能量並非由恆星而來。這類天體稱為「活躍星系核」（Active galactic nuclei）。活躍星系核家族具有共同的特徵：首先，其放出的能量足以匹敵、甚至超過星系中所有恆星加起來的能量輸出；其次，由接近星系中心部分的氣體運動方式可以推論，需要有大量的質量聚集在星系的中心。這種緻密且能有效的釋放能量的特徵，讓超大質量黑洞加上吸積流自然而然地成為目前對活躍星系核的主流解釋。上述的類星體便是活躍星系核家族的成員之一。

類星體距離我們遙遠卻又明亮的特性，不但可當作「背景光源」來研究介於類星體和地球間的物質特性，也提供了研究宇宙早期歷史的寶貴機會。觀測發現，當宇宙年齡約20億歲時（宇宙至今年齡大約是137億歲），類星體的存在遠比目前要普遍許多，人稱「類星體時代」（Quasar era）。類星體活躍的紀錄，也就是一部大質量黑洞如何因為吸積物質而成長的歷史。這關係到多少物質能被星系中心的大質量黑洞吸積，以作為類星體放出能量的「燃料」。當超大質量黑洞只有少量或是不再有燃料供應時，那些在宇宙早期曾經是類星體的超大質量黑洞，會成為較不明亮或是正在「冬眠」的黑洞，沉潛在較不明亮的活躍星系或是一般星系的中心。

黑洞噴流——壯觀的宇宙風景

少部分的活躍星系核，例如「電波星系」（radio galaxy），還伴隨著噴流（jet）的現象（圖3-10）。這些由黑洞附近產生的噴流大都呈現束狀，不但其尺度可以大於星系本身數倍，而且其速度還能接近光速。

理論天文物理學家發現，磁場似乎對噴流的產生扮演了重要角色。部分吸積流物質在掉入黑洞之前，有機會「攀上」黑洞附近被吸積流帶動而旋轉的磁力線，並沿著磁力線被加速甩出形成噴流（圖3-11）。除此之外，旋轉（克爾）黑洞外部的「動圈」也可能帶動磁力線旋轉。不過黑洞噴流的能

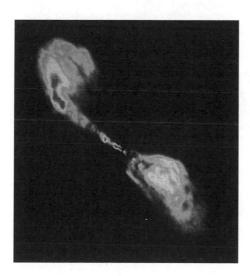

圖3-10：電波星系半人馬座A的無線電波影像顯示出由星系中心噴出的壯觀噴流結構。星系本身在此波段不可見。Credit: Jack O. Burns (University of Missouri) & David Clarke (St. Mary's University, Nova Scotia).

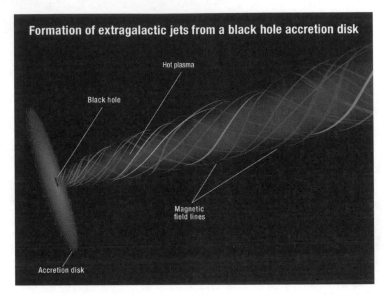

圖 3-11:理論上認為黑洞噴流的產生與磁場密切相關。少部分吸積物質在掉入黑洞前,有機會沿磁力線向外加速逃逸,形成噴流。Credit: NASA, ESA, and A. Feild (STScI).

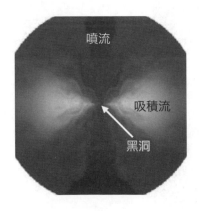

圖 3-12:廣義相對論性磁流體力學(GRMHD)數值模擬黑洞吸積過程與噴流產生的範例。顏色顯示吸積流的密度,黑洞位於中心。

量來源，究竟主要是來自於吸積流，還是黑洞的旋轉，目前還沒有明確的答案。

　　噴流的表現也和吸積流的狀態有關，從黑洞雙星的觀測結果可看出其關聯。這是因為恆星級黑洞的質量遠比超大質量黑洞要小，吸積流改變狀態的特徵時間較短暫，因此更容易進行研究。

　　這些觀測結果和衍生的猜測，目前已經能用理論模型加以探討。廣義相對論性磁流體力學（GRMHD；General Relativistic Magnetohydrodynamics）正是同時描述黑洞附近的彎曲時空、磁場和電漿（plasma）物質三者物理的理論利器。近年 GRMHD 數值模擬的蓬勃發展，讓我們對黑洞噴流的產生機制，有更多更深入的認識（圖 3-12）。

錯綜複雜的黑洞生態系統

　　以上我們分別介紹了吸積過程、噴流、大質量恆星演化最後會形成的恆星級黑洞，和位於星系中心的超大質量黑洞。這一切又會進一步交織成怎樣錯綜複雜的故事呢？

　　在天文學中，除了黑洞怎麼捕捉或影響周圍物質的運動外，黑洞如何把能量向外釋放到周遭環境，也是令人感興趣的課題。如果一個星系像是地球那麼大，那麼星系中心的超

大質量黑洞，就大約只有一個彈珠大小。這麼小的超大質量黑洞，藉由吸積過程釋放出的能量輻射，或是噴流的回饋，竟然能影響整個星系，甚至是整個星系團！

在宇宙早期還沒有膨脹到現在的大小時，星系和星系間的碰撞比現在更為頻繁。當一個星系與另一個富含氣體的星系相碰撞時，可能會有更多氣體掉入各自星系中心的超大質量黑洞。但在更多氣體掉入黑洞的同時，黑洞反而產生更大的吸積流輻射能量或是噴流，而將周圍的氣體加熱或由星系中心吹出，阻止了氣體繼續往中心聚集，錯綜複雜的影響了星系中的恆星（其原料為氣體）形成。如此一來，黑洞也就不再活躍而進入冬眠。超大質量黑洞如何和其所在的星系共同演化以及如何影響大尺度結構，也是天文研究的重要主題之一。

尋找黑洞存在的直接證據

在不久的未來，「甚大基線干涉儀」（Very Long Baseline Interferometry，簡稱 VLBI）技術，將可能讓我們觀測到黑洞事件視界附近的影像，進一步提供黑洞存在的更直接證據。

簡單地說，VLBI 的概念，就是將位於地球上許多不同地方的望遠鏡同時對準觀測某一特定天體，這相當於用一個直

徑有如地球般大小的「虛擬望遠鏡」觀測。這樣的「虛擬望遠鏡」在頻率為次毫米波段的解析度，相當於可以在地球上看到在月球表面的一元硬幣，這足以解析某些星系中心超大質量黑洞事件視界附近的影像（圖 3-13）。

　　黑洞不發光，事件視界又是想像中的曲面，所以身在黑洞外的觀察者，是看不到黑洞本身的。但別忘記了，黑洞的

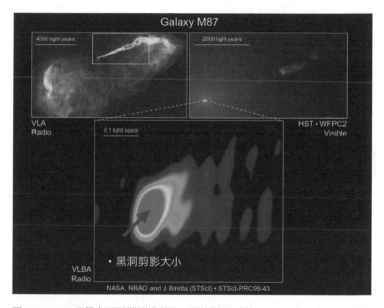

圖 3-13：M87 天體在不同觀測波長及不同解析度下所呈現的影像。未來的 VLBI 觀測所能達到的解析度，將能讓人們首度觀測到黑洞的事件視界附近（箭頭處）的影像，驗證黑洞是否存在。Credit: original image by NASA, NRAO and Biretta (STScI), modified by the authors.

事件視界附近是被吸積流所包圍著。由黑洞附近發光物質所發出的光，最後有些還是可以到達地球，形成影像，這些影像是有特徵的。如前所述，相較於靜止黑洞，旋轉（克爾）黑洞的事件視界外部多了一層結構，稱為「動圈」（圖 3-8）。動圈可以當作是旋轉黑洞儲存旋轉動能的地方。在動圈內部，時空就像是個流體的漩渦，載負其上的任何東西、甚至光或磁場，都不得不和黑洞旋轉的方向一起轉動，這叫作「參考系拖曳效應」（frame dragging effect）。

這樣的「時空漩渦」效果，可以透過光被靜止黑洞和旋轉黑洞捕捉的不同軌跡（圖 3-14）來呈現。在圖 3-15 中，顯示當吸積流從各個方向掉入黑洞時所形成的影像。相較於靜止黑洞的對稱剪影，旋轉黑洞能因為「時空漩渦」，進一步造成左右不對稱的黑洞剪影。而未來 VLBI 觀測的黑洞影像，預計將會更為複雜，並揭露出更多關於吸積流甚至噴流形成的細節。就讓我們拭目以待吧！

黑洞熱力學

介紹完了天文觀測中的黑洞，我們再回頭討論一些目前還離觀測很遠的理論進展。

1970 年代伊始，潘若斯與弗洛伊德（R. M. Floyd）便根

靜止黑洞附近的光子軌跡　　旋轉黑洞附近的光子軌跡

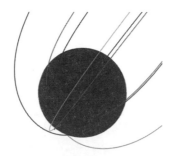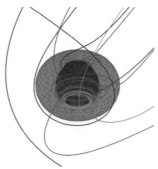

圖3-14：根據廣義相對論的計算，光線掉入靜止黑洞（圖左）和旋轉黑洞（圖右）的軌跡。因為參考系拖曳效應，當任何東西夠接近旋轉黑洞時，都必須順著黑洞轉動的方向旋轉，造成光線軌跡的不對稱。圖中事件視界由深色曲面表示，靜止極限由透明曲面表示（參考圖3-8）。

圖3-15：黑洞被吸積流物質所包圍時，因吸積物質所發出光線而烘托出的「剪影」（理論計算）。相較於靜止黑洞（圖左），旋轉黑洞的剪影（圖右）因為「參考系拖曳效應」而呈現不對稱狀。

據他們對克爾黑洞的研究結果,猜想物理過程前後的黑洞面積只會增加,同時期克利斯托兜婁(Demetrios Christodoulou, 1951-)的研究結果也顯示這一點。很快地霍金在 1972 年廣泛證明了在古典廣義相對論的架構下,黑洞從一個穩態(stationary state)經過物理過程到下一個穩態,事件視界的面積只會增加不會減少。隔年巴定(James Bardeen, 1939-)、卡特(Brandon Carter, 1942-)和霍金三人更整理出了黑洞熱力學四大定律:

黑洞熱力學四大定律

第零定律:穩態黑洞事件視界的表面重力在整個視界上是同一個常數;

第一定律:描述兩個所有參數都很接近的黑洞之間、質量/能量差別的狀態方程,除了一些和做功有關的項,還要加上一項表面重力與兩黑洞面積差的乘積(除以一個常數);

第二定律:從舊穩態到新穩態,任何黑洞的事件視界面積不會減少;

第三定律:物理過程再怎麼理想化,也不可能以有限的步驟將黑洞的表面重力減到零。

一般熱力學四大定律

第零定律:一個處在平衡態的系統,其溫度在整個系統中是

同一個常數；

第一定律：描述兩個所有參數都很接近的平衡態之間、能量差別的狀態方程，除了一些和做功有關的項，還要加上一項溫度與兩態熵的差的乘積；

第二定律：從舊平衡態到新平衡態，熵只可能增加或持平，不會減少；

第三定律：物理過程再怎麼理想化，也不可能以有限的步驟將平衡態系統的溫度減到零。

　　和古典熱力學四大定律比較，我們不難看出，黑洞的穩態類比於熱力學中的平衡態，而在穩態下可定義的物理量中，黑洞的面積和古典熱力學的熵有類似的行為，表面重力則和溫度類似。

　　其實在這之前，黑洞和熱力學之間有種微妙的關係，已經是許多學者共同的感覺了。在 1971 年間的一次和學生的例行討論時，惠勒突發奇想，假如他把帶著大量熵的熱咖啡扔進黑洞，那麼宇宙的熵不就變少、熱力學第二定律不就被破壞了嗎？研究生貝肯斯汀（Jacob Bekenstein）聽了以後，一時也沒有答案，便把問題帶回家。

　　幾個月後，貝肯斯汀開心地告訴惠勒，他想通了。貝肯斯汀從多方面的論證，都得到同一個結果；黑洞的熵就正比於其事件視界的面積。因此一個熱力學系統如果有黑洞包含

於其中，其總熵即為黑洞熵加上非重力部分的一般的熱力學熵。咖啡掉進黑洞後雖然消失，但黑洞變大了，熵也就變多了，所以宇宙的總熵並沒有變少。

在 1972 年「抒祖鬚」（Les Houches）夏季學校裡，貝肯斯汀報告了這個他當時還未發表的想法。當時巴定等人的黑洞熱力學論文還沒刊出，但該文的部分結果已為圈內人所知，因此演講之間，引起熱烈的討論。霍金以及許多學者還是謹慎地認為，把黑洞面積和熵的「類比」變成「正比」跳躍太大，需要更多證據與推論來支持，而在古典廣義相對論下，基本上拿不出辦法。在巴定等人稍後才發表的文章中，提到黑洞表面重力和溫度類比的地方，還有滿長的一段文字說明黑洞的有效溫度只能為零。

不過有一個重點霍金倒是注意到了。貝肯斯汀發現，若要引入物理常數湊出熵的正確單位，除了普朗克常數以外，別無選擇。於是貝肯斯汀進一步解釋，由於黑洞在吸收一個粒子所增加的面積，最少是該粒子的質量乘上直徑，而一個量子力學中的粒子直徑可以用康卜吞長度（Compton length），也就是普朗克常數除以粒子的質量來估計，所以這個最小面積增減單位，就是普朗克常數本身 （也就是普朗克長度的平方——在自然單位〔$G = c = 1$〕下）。

這下可有趣了。首先，這暗示古典黑洞熱力學居然和量

子物理有關。不過這在物理史上並不是第一次發生,比如說
熱力學的吉布斯弔詭(Gibbs paradox),就和量子力學有關。
其次,把黑洞面積除以常數代入黑洞熱力學第一定律中的狀
態方程中,可以導出黑洞的溫度就是事件視界處的表面重力
乘上常數。不過大家已經再三思考過了,黑洞是黑的,連光
都跑不出來,哪來的溫度呢?普朗克常數……難道是量子效
應嗎?如果是的話,那假如量子漲落產生粒子對,反粒子掉
進去正粒子所組成的黑洞,會是怎樣的情況呢?

　　1974 年間,霍金自己找到了答案。如果把一個量子場擺
在黑洞的固定背景時空中,當你研究量子場的最低能量狀態,
也就是所謂的真空態時,你會發現由黑洞逸出到無限遠處的
量子場功率流不為零,也就是說,黑洞不是全黑的,黑洞會
輻射!霍金進一步發現此輻射的能譜和黑體輻射相同,其溫
度剛好就是事件視界處的表面重力除以 2π。

　　這個結果一發表,同領域的學者幾乎都不服氣,因為霍
金論文的數學推導雖然清楚,結果卻出人意料。當時大家公
認把量子場擺在類似膨脹宇宙之類、會隨時間變動的時空背
景之下,是會把量子場激發出粒子的(這是帕克〔Leonard
Parker, 1938-〕在 1968 年的創見,現在廣泛應用在宇宙學中)。
不過霍金研究的黑洞基本上是靜止的時空背景,怎麼會「抖」
出粒子呢?物理學家便各顯神通來檢驗。這些心得在 1975 到

76 年陸續發表 （安儒〔William Unruh, 1945-〕提出安儒效應
的名作也是其中之一），大家終於肯定霍金是對的。因此我
們現在把黑洞輻射稱為霍金輻射，其溫度稱之為霍金溫度。

　　質量愈小的黑洞，半徑愈小，表面重力愈大，霍金溫度
愈高，因此愈重的黑洞反而溫度愈低、愈穩定。換句話說，黑
洞的比熱是負的，餵給黑洞的能量或質量愈多，它的溫度會
愈低。負比熱其實是一般重力系統的特性，和一般課本裡的
熱力學系統很不一樣。負比熱系統的熱力學熵本來就不和體
積成正比（non-extensive），也無法直接累加（non-additivity），
也就是說，兩個黑洞合體後的熵，並不是合體之前的兩個黑
洞各自的熵的和。因此黑洞的熵和面積、而非體積成正比，
並不奇怪。我們現在已經知道，一般無奇異點的重力系統或
是任何有長程作用力的系統，熵也不和體積成正比。

　　之後貝肯斯汀進一步以波爾（Niels Bohr, 1885-1962）
和左馬斐（Arnold Sommerfeld, 1868-1951）舊量子論（old
quantum theory）的精神，嘗試以黑洞原子模型來描述黑洞的
行為。雖然這個模型目前還沒有辦法由實驗或觀測來驗證，
但其中提到的重點，像是黑洞的主量子數為面積、黑洞的原
子「能」（面積）譜是離散的，以及各「能階」的簡併度正
比於數學常數 e 的熵次方，都成為日後各家用量子物理描述黑
洞自由度的基本條件。

黑洞資訊弔詭

在黑洞熵的文章中，貝肯斯汀已經理解到，一個系統的熵和這個系統蘊含的資訊有很深的連結。熵有時可以解釋為亂度，愈有秩序、愈規律的物體或系統，熵愈小，而同樣的熱能可以用來一致對外做功的部分就愈大。量子場的熱平衡態基本上除了以溫度為參數的熱分布以外，沒有結構或秩序，所以熵最大。像正常人體的熵就遠比火化後的熵為小。因為人體的分子是遵循少數單純的規律堆積起來的，隨便改變一點排列就可能會讓整體的行為和功能非常不同（比如說得癌症），而火化後的骨灰和輕煙基本上是一堆混亂的分子，攪拌以後整體性質還是差不多。

問題來了。像人、狗、醬油、汽車這些不同卻各有秩序的物體，一旦掉進黑洞（當然以黑洞外觀察者的觀點，物體要花無限久的時間才會掉到事件視界）再輻射出來，看起來一樣都是亂度最高、找不到秩序的熱輻射。那麼這些原來存在墜落物體中的秩序與資訊跑哪裡去了呢？

不管宇宙中真正的黑洞會如何發展下去，一個不再吸收物質的黑洞最後的命運不外是：1. 不會蒸發殆盡，而留下殘骸（residue）；2. 蒸發殆盡。不過假如我們能收集到其整個生命過程的輻射：

a. 原則上可以找回所有之前掉進黑洞的資訊（比如說，把一本書燒掉，書裡的資訊似乎就消失了。不過假如我們有辦法把所有的輕煙和灰燼都收集起來，並且有辦法監測燃燒過程的所有細節，原則上我們可以從煙灰中回復書裡的資訊，儘管實際上極端困難）。

b. 部分資訊就此在宇宙中消失。

物理學家擔心的是 2b，因為這表示很多人的吃飯工具——量子物理並不完整（主要是機率不守恆的問題），無法描述黑洞形成前到消失後的整個過程。

怎麼辦？眾所周知，在四維時空裡的量子場論和廣義相對論各自就很困難了，合起來更複雜難解，根本找不到答案。因此人們轉而在類似或簡化的系統中尋求啟發。1990 年代由弦論所引發的一系列對於在一維時間加一維空間中黑洞與量子場的研究，就是想要從簡化的模型中，了解黑洞最後的狀態。 下一個話題就是這類研究成果的延伸。

黑洞互補性與防火牆

波爾在 1927 年提出互補性原理，說明量子力學中互補的物理量（位置與動量）或性質（波與粒子性），是不可能同時準確測量出完整資訊的。美國史丹福大學的薩斯金（Leonard

Susskind, 1940-)、梭拉休斯（Larus Thorlacius）、額格倫（John Uglum）在 1993 年借用這個名詞，提出了黑洞互補性（BH complementarity），他們猜測墜入黑洞的觀察者與在遠處永不墜入黑洞的觀察者，都不可能準確測量出黑洞的完整資訊。這兩個觀察者的測量結果可以不一致，不過由於他們最後不能互通訊息，因此並不會有任何矛盾發生。荷蘭烏特勒支大學的史帝芬斯（C. Stephens）、胡夫特（Gerard't Hooft, 1946- ）、懷亭（Bernard Whiting）也在同時期提出類似的概念。

在薩斯金等人的計算中，他們做了四個假設：一、黑洞輻射總體而言處於一種（封閉系統）量子力學可以描述的狀態（所謂的「純態」）；二、黑洞輻射所攜帶的資訊是從事件視界附近的延展視界（stretched horizon）所發出，黑洞視界外的物理可用彎曲時空的量子場論來描述；三、對於遠處的觀察者來說，黑洞看來像是個具有離散「能」譜的量子系統；四、墜入黑洞的觀察者不知不覺就通過延展視界。看起來都合乎我們對黑洞物理的認識，尤其第四點——墜入黑洞的觀察者通過視界時毫無感覺，乃是反覆辯證下的推論。嚴格來講，沒有任何現實中的觀察者能定義事件視界，因為事件視界要到無窮久以後的未來才能決定。所以數值模擬黑洞動力學的理論物理學家，通常用的是表觀視界或類似的概念來定義黑洞的範圍：黑洞的表觀視界是類似球面的封閉曲面。麻煩的是，

在閔可夫斯基空間中，我們也到處都可以定義表觀視界，只不過此處的表觀視界並非封閉曲面。對於理論物理學家來說，在紙上或是電腦中判別表觀視界是否為黑洞表面並不複雜，可是對於局限於宇宙一隅的局域觀察者或實驗者來說，通常只能看到表觀視界的冰山一角，根本不能確定它是否封閉。因此受過廣義相對論訓練的人，很難相信渺小的我們在通過黑洞的視界時會有感覺，會知道自己已經出不去了。

但在 2012 年，阿倫海里（Ahmed Almheiri）、馬若夫（Donald Marolf）、波欽斯基（Joseph Polchinski, 1954-）、蘇里（James Sully）發覺，黑洞互補性的一、二和四號假設，不可能同時成立。他們認為最保守的解決之道就是放棄第四點，也就是說，視界附近也許存在具有巨大能量的火牆，讓你不得不知道你撞到黑洞表面了。這火牆（firewall）從字面上看也是道防火牆，可以摧毀所有將要掉進黑洞的物質，把資訊彈回黑洞外。

在薩斯金等人的黑洞互補性計算與論證中，事件視界內外的量子場是完全沒有關聯的。而標準的彎曲時空中之量子場論就已告訴我們，只要量子場在空間中兩個區域的關聯硬被切開，兩區域交界處的能量密度就會是無限大，也就是說，火牆本來就存在於薩斯金等人的計算裡。

不過不苟同這個觀點的學者也所在多有，理由有：1. 視

界內外的關聯是否要切開、要怎麼切，都是問題；2. 視界內外的無關聯狀態不可能一直保持，因為火牆還是會和墜入的物質散射，而使牆外和牆內的自由度產生關聯。之後火牆可能就減弱或消失了。

　　追根究柢，問題還是出在黑洞中心奇異點這個壞東西。黑洞互補性與火牆論證中，奇怪的部分總是被這個奇異點切斷的關聯或散射出來的量子，但奇異點的物理我們無法描述，因此這筆債也不知道該找誰去討。

　　一勞永逸的解決辦法是找到正確的量子重力理論，在其描述之下，黑洞中心根本就沒有物理奇異點。當然，哪個是正確的量子重力理論，目前學界還沒有共識。一個有趣的提議是馬述爾（Samir Mathur）基於弦論所引申出的想法：在星球塌縮到黑洞尺度左右時，整個系統變成一個類似中子星的緻密星體，不過此星體不是由中子，而是由簡併的超弦所構成。經過計算，馬述爾發現它的表面剛好位於等質量黑洞的事件視界所在之處，因此根本不會有物體穿越古典的事件視界這種事，而外部的觀察者也無法將它與黑洞區分。這種緻密星體處在其本徵態時，巨觀大小是固定的，不過在小尺度下觀察時，量子漲落會讓其邊界變得模糊（fuzzy），因此馬述爾把這類星體稱為「絨（毛）球」（fuzzball）。

　　如果超弦理論是對的，那麼掉到絨球表面的物質，也都

是由超弦所構成。這些超弦會融入絨球中，構成更複雜的狀態。絨球內部沒有物理奇異點，資訊當然也就不會消失於其中，只是像掉進其他星體一樣，攪進絨球內。因此絨球要是能夠完全蒸發，原來掉入的資訊必然會全部回到宇宙中，雖然存在的形式可能已經大不相同。

黑洞輻射的觀測與實驗

物理學之所以和自然哲學分家，就是執著於實驗或觀測可以檢驗的現象。因此要求黑洞熵與輻射被實驗或天文觀測所證實，對物理學家而言可說是最根本的價值觀。

不幸的是，實驗室中製造黑洞的能量（和風險）太高，到現在還沒有人成功過。天文學家所觀測到的黑洞質量又都非常非常大，因此霍金溫度非常非常低（比如說像太陽一樣質量的黑洞，其霍金溫度約為 0.0000001K，遠低於宇宙微波背景輻射的溫度，更別說其吸積盤中的氣體溫度了），這讓人很難相信在天文觀測中還能看到任何有關黑洞輻射的訊號。所以有一陣子，黑洞輻射陷入死無對證的境地。還好到了最近幾年，從類比系統的實驗結果中，大家間接地對黑洞輻射理論更有信心了。

1980 年代，安儒在教授流體力學時忽然得到靈感。他理

解到流體中的機械振動波，也就是聲波，其波動方程和在彎曲時空中傳播的物質波方程一樣，因此流體中的聲子（機械振動波的量子）可類比為光子。假如一條溝裡的流體向右的流速在某一條界線之後超過聲速，那麼這條線之右的聲波就不可能傳到這條線的左邊，於是溝最左端的麥克風就不可能收到這條界線之右的任何聲音。因此這條界線和光子的事件視界相當，可以稱之為聲音黑洞（sonic black hole）或啞洞（dumb hole）。2010 年安儒研究群在加拿大卑詩大學（UBC）土木工程系的幫助下，做了一個古典水槽實驗，證明了在流體力學中的啞洞散射出來的水波，的確可以看到類比於黑洞輻射溫度的量，儘管數值非常非常低（約 10 至 12K）。這個實驗結果讓我們對黑洞輻射的正確性信心大增，雖然啞洞的熵在此無法定義。

在霍金對黑洞輻射的推導中，無限遠處看到的光子似乎是當初黑洞的事件視界就要形成前，在其附近的極高頻波被大量紅移所致；這些光子的初始波頻甚至可以高到超過普朗克尺度。因此我們可以合理地懷疑，假如量子場論的有效範圍只到普朗克尺度，那麼霍金已經逾越了其推導工具的有效範圍。

這點在啞洞的實驗中得到解決：水能用流體力學來描述的範圍，最小只到水分子的尺度，再往下只能用等效的頻散

關係（dispersion relation），也就是波的頻率和波長之間的關係來應付。儘管如此，實驗中仍然看到了霍金輻射的類比，其熱輻射的性質還非常完美。安儒對此評論說，嚴格無誤的數學推導，在物理上不一定站得住腳。霍金不全然有物理意義的數學推導過程，還可以得到正確的物理結果，是因為黑洞輻射剛好是大尺度下的物理，和小尺度物理的細節無關。當然這也是事後才能看得出來。

此外，霍金在《時間簡史》中對黑洞輻射描繪了一幅生動的圖像：正負粒子對在事件視界附近產生，正能量的粒子跑到無限遠處變成輻射的一部分，另一個粒子掉進黑洞其能量轉為負，因此淨效應就是黑洞把能量輻射出去，本身的質量變小。不過由聲音黑洞的模擬計算可知，粒子對是產生在事件視界之外有相當距離的地方，因此霍金的圖像其實並不精確。

為何世間多杞人

黑洞可說是廣義相對論中最驚世駭俗的預測。天文學的觀測，已讓我們確定有目前只能用黑洞解釋的天體存在，這不禁讓人驚嘆，人類的推理竟可以超越自己的想像力。

不過驚嘆歸驚嘆，早期微小黑洞和巨大星系的交互作用，

也許還和我們太陽系甚至人類的存在扯得上關係，但對人類來說，這畢竟不是切身之要。那麼，到底我們繼續探討黑洞的意義在哪裡？

作為物理學從自然哲學脫離後發展最早的領域之一，重力是目前唯一一種沒有堅實量子理論的基本作用力。對於追求完美的理論物理學家而言，這個缺憾如同芒刺在背。其他領域的物理學家，可以幸福地參考實驗或觀測結果來跳躍到正確的理論，但重力在微觀尺度下對一般量子系統的影響已十分微弱，其本身的量子效應更難以測量，這使得量子重力理論的發展極端困難。大家只好先在廣義相對論和量子物理的矛盾凸顯之處來找尋靈感，像黑洞或早期宇宙這類重力很強而量子效應可能不小的狀況，也就成了思考實驗的最佳場域。

就天文觀測而言，能夠觀察到事件視界尺度附近的現象，不僅能進一步檢驗廣義相對論，更有機會發現能阻止星體塌縮成黑洞的未知機制或作用力。這對物理也具有根本的重要性。而近來弦論的發展，還把一些凝態強關聯系統以及量子色動力學在特殊情況下的物理，連結到特定時空中的黑洞解（AdS/CFT correspondence）。廣義相對論的黑洞物理不但在數學上，比當初預料的適用範圍要大得多，而且說不定在觀念上，和凝態物理、基本粒子與核物理之間，還有目前想像不到的互

相啟發之處。因此在可預見的將來，就算黑洞物理離民生應用還很遙遠，人類內在對知性的追求，仍會驅使一代代的天文學家和物理學家，投入黑洞的相關研究。

4

重力波與數值相對論

林俊鈺、游輝樟

廣義相對論與重力波

　　愛因斯坦於 1915 年發表廣義相對論,寫下愛因斯坦場方程式,描述時空與質量(也就是能量)的交互作用。在這個目前被視為「重力的標準模型」的愛因斯坦理論下,牛頓的重力場其實是能量所造成的彎曲空間表象。可以想像在一個軟的彈簧床中央放一粒鉛球,鉛球彎曲了床面的二維空間並微微下陷一般。這時如果扔幾顆乒乓球在這個彎曲的二維床面上,且想像沒有任何滾動摩擦力或空氣阻力,這些乒乓球將不會走直線路徑,而會偏向中央,有些直接往鉛球撞去,有些繞著鉛球轉,有些則因為速度太快或距離太遠而直接滾到外面去。每一個時刻、每一點床面的下陷程度,也就是曲率,都有些許不同。如果將這些不同時刻的二維面堆砌起來,就形成三維空間。這個概念再延伸下去,將三維空間沿第四個維度堆砌,就對應到所熟悉的四維時空。如果類比到我們的太陽系運動,太陽(如同鉛球)造成一個近乎靜態的時空曲率,影響周遭行星(乒乓球)運動,這些行星的運動同樣也會對鄰近的時空曲率有一些小小的影響,但與太陽相比,相當微弱。

　　在愛因斯坦的解釋下,牛頓重力中的運動軌跡,如掉下的蘋果、星球的軌道,僅僅是那些物體順著彎曲時空所走的

最短路徑。這一路徑僅與物體的質量有關，而和內部結構及其他性質（如電荷，自旋等）無關。並且這個全新的的重力理論，符合十年前愛因斯坦自己所提出的狹義相對論框架，不但精確地解釋觀測現象並通過精密實驗的檢驗，也解決了牛頓重力中存在瞬時力的窘境。愛因斯坦理論的數學細節及計算過程也許較複雜，但他將四個基本作用力之一的重力，以幾何的語言描述，使人類對「時空」本質的理解向前邁了一大步。誠如他的名言：Everything should be made as simple as possible, but not simpler（萬物應盡可能地使其簡化，直至不過簡為止）。要強調這裡所說的簡化，並不是指計算操作上的簡化，而是這個描述足夠精煉，並且放諸四海皆準。幾何，正是目前描述重力最恰當的方式。

在廣義相對論發表的隔年，德國卡爾·史瓦西就在一戰的蘇俄前線服役中，得出愛因斯坦方程在真空中的球對稱解，描述任意球對稱天體所造成的時空。這就是史瓦西黑洞，一個物質集中在足夠小的區域後，經重力塌縮所形成的緻密物體，所造成的曲率連光也無法脫離。黑洞的概念在十八世紀後期就出現了，但直到 1967 年，約翰·惠勒才靈光一閃提出黑洞一詞。由於黑洞的概念太過不可思議，而且在黑洞中心的奇異點暗示著所有物理定律在那失效，因此黑洞的真實性一直備受討論。不過物理學家仍然很快地將廣義相對論的純數

學結果應用在天文與宇宙的尺度上，並以新的時空概念來討論宇宙演化。愛因斯坦方程式中的宇宙常數，就是愛因斯坦自己所加入的擴張項，以抵銷宇宙物質自己的重力吸引而維持他認為的靜態的宇宙。史瓦西黑洞也推廣到帶有自旋（1963年）甚至帶電荷（1965年）的系統，後來都對應到實際上可能的天文實體。1964年後來自天鵝座強大的 X 射線訊號的觀測，與最近對銀河系中心人馬座鄰近星體運動軌跡的分析，更加支持了黑洞的存在，並推測大部分的星系中心都可能存在百萬倍太陽質量的黑洞。以現代的恆星演化模型看來，那些密度與原子核相當的緻密星體，如黑洞、中子星及白矮星等，是大質量恆星燃燒殆盡死亡後的結果，但對於 20 世紀初的科學家簡直難以想像，特別是當時原子核的概念才剛被拉塞福（Ernest Rutherfood, 1871-1937）提出。

再回到剛剛的彈簧床例子中，假設這時的鉛球重重地摔在床面中央，床面會開始震動，每一點的曲率發生週期性變化，並且如漣漪般向外傳遞，這種時空曲率的波動即是重力波。但請注意這僅是幫助理解的圖像，並不十分準確。因為鉛球墜到床面上產生的震盪，對一個只有三維時空概念的生物而言，就好像是由一團反覆憑空出現又消失的質量所造成，直接推廣到我們的四維時空是違反能量守恆的。嚴格來說，重力波主要是由質量的「四極矩」（quadruple）加速變化所

產生 [1]，例如非柱狀對稱物體的轉動，或是雙星互繞。張開雙臂原地旋轉也會產生重力波，不過遠遠小於天文上恆星尺度運動所造成的重力輻射。

在廣義相對論發表的隔年，愛因斯坦發現，他的重力場方程式在弱重力場近似下具有波動特性，正如電荷的加速會輻射出電磁波一樣，質量的加速（確切的說，是質量四極矩的加速變化）也會輻射出重力波（在大陸地區稱之為引力波，以區分流體力學中因重力或浮力所造成的波動）。這兩種截然不同類型的波，它們的傳播都需要時間，同樣以光速傳遞能量、動量、與角動量，符合狹義相對論中的因果概念，並非像牛頓重力理論下的即時傳遞。想像太陽突然從世界消失（雖然這違反能量守恆），生活在地球上的我們也需要相隔約八分鐘才會感受到太陽消失後引力的變化。

新型態的輻射意味著新的觀測媒介。讓我們回顧歷史，天文觀測除了讓我們能看得愈遠、看到更古老的宇宙，全新的觀測方式總是帶來令人驚奇的結果及革命性的影響。伽利

---

1 重力的「荷」為能量，因此由於能量守恆，單極輻射不存在。再者，不像電磁力的來源有正電荷與負電荷，重力只有一種正「荷」，因此重力的「偶極」不過是質量在非質心座標的表象，總可以在一個平移座標下，始得偶極矩為零，這也反映了動量守恆。因此重力輻射至少由四極矩加速變化所產生。對互繞的雙質點系統，四極矩可約略視為垂直於波源轉動軸的轉動慣量。

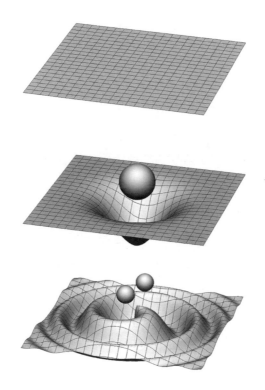

圖 4-1：二維的彎曲平面示意圖，由左至右分別為真空的
平坦空間，質量所造成的靜態彎曲空間，與兩物體互繞
所造成包含重力波的動態時空。

略在 1609 年以自製望遠鏡開啟天文光學觀測新頁，1930 年
代的央斯基（Karl Jansky, 1905-1950）所做的銀河系無線電觀
測，及 1950 年代 X 射線與 1960 年代後的伽瑪射線觀測，每
一次的技術突破都帶來意外的發現，呈現出的宇宙圖像遠比

肉眼下的更加活躍激烈，而且還給出各種不同面向的資訊，如無線電波帶來類星體、脈衝星與宇宙微波輻射，提供黑洞、中子星及大爆炸的餘暉等觀測上的證據，或是伽瑪射線反應出恆星內部以及超新星爆炸的資訊等。這些發現的累積讓人們拼湊出更豐富的宇宙樣貌與演化史，並且描繪出其背後形成的神祕機制。這些高能天文物理現象，往往伴隨著高質量高密度的物質與極端強大重力場的相互作用，因此隨著觀測技術的突破，廣義相對論的精確時空描述也變得更為重要，扮演探索未知宇宙的嚮導。而另一方面，遠處的星空也成為檢驗廣義相對論或其他基本理論的絕佳場所，測試我們對基本物理學的認識。幸運的，目前我們正處在另一次突破的關鍵時刻；除了電磁波觀測，以及最近宇宙射線或微中子偵測，重力波測量即將開啟探索宇宙的另一扇窗，讓我們得以一窺宇宙深處的各種驚奇現象。

　　人們從懷疑黑洞這樣的奇特物體的存在開始，到終於獲得間接的觀測證據；從生怕黑洞奇異點的存在，讓所有物理定律失效，到嘗試提出各種解釋來彌補這理論上的矛盾——一代代的科學家們不斷努力突破未知的邊界，提升了人類文明的高度。中子星的概念，最早也是為了解釋恆星能量如何產生的問題開始，而在 1930 年代所做的大膽假設，現在也早已成為恆星演化的標準模型。在那一段各種新現象新理論交

錯混雜、晦澀不明的時代，相對論與核物理各自在極大與極小的尺度下摸索時空與物質的本質，並逐漸歸納出愈來愈宏觀的圖像。而將近一個世紀重力波理論的發展，在經歷近半個世紀的觀測研究，也將在日後的大型觀測與模擬計算中獲得直接證實與天文應用。

如何觀測重力波？

　　重力波經過時會影響局部時空的曲率，而曲率的改變會反應在座標間長度或角度的幾何性質測量。重力波振幅大小正比於長度的變化比率 $\Delta L / L$，也稱作重力應變（gravitational strain）。這種測量不是局域的，沒有任何一個實驗可以測量

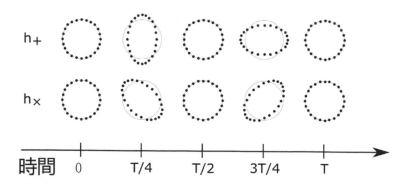

圖 4-2：環形排列的測試質量在兩種偏振方向之重力波下的影響。

「某一點」的重力，因為局部的重力效應，與加速度所造成的慣性力完全無法區分，就好像電梯上升的瞬間，我們會感到體重變重一樣，這就是等效原理。真正可觀測的重力效應是潮汐力，即物體因為重力影響，在質心座標下受到正交兩方向的收縮及擴張，就好像地球表面的海水受到月球影響，在不同地方形成的漲潮與退潮一般。重力波是一種橫波，波的前進方向垂直於其所造成的長度變化——假設平面重力波穿出紙面以 z 軸傳遞，重力波的潮汐力會使如圖 4-2 環形排列的測試質量分別在 x 軸與 y 軸擴張與壓縮，並且在一個週期內重複兩次。它還與電磁波一樣，有兩個偏振方向，只是重力波的偏振方向差別 45 度，並非 90 度。

可以想像這種效應非常微弱，即便是發生在銀河系邊緣的雙中子星碰撞所產生的重力波，傳遞到地球的振幅也已小到 10^{-17} 以下。在如此微弱的影響下，一公里的長度變化也不超過原子核半徑的大小。而人為的質量加速所造成的重力波，除了振幅微不足道外，愛因斯坦方程式的非線性性質也讓近距離的重力波定義不那麼明確，因此觀測上，重力波波源主要來自於天文中的激烈現象。

第一個重力波的間接證據來自於脈衝雙星軌道的觀測。脈衝星是一種高速旋轉的中子星，它的磁極與旋轉軸有一定的偏角，並發出強大的無線電波，當此電波像燈塔般掃過地

球時，便會產生非常穩定的脈衝訊號，英國科學家在 1967 年
首次觀察到這樣的脈衝訊號。如果脈衝星與伴星形成雙星系
統，科學家可藉由觀測訊號的都卜勒效應推算雙星軌道，進
一步計算雙星的距離、公轉週期、軌道面方向、質量等參數。
1974 年起，休斯（Russell Alan Hulse, 1950-）與泰勒（Joseph
Taylor, 1941-）在波多黎各的阿雷西博無線電天文臺觀測到來
自脈衝雙星的穩定訊號，其雙星軌道因重力輻射損失能量，互
繞愈來愈快、愈來愈近。迄今數十年的觀測中，他們證實了
週期的減少速度與廣義相對論的預測完全符合，差別小於百
分之一，也因此獲得了 1993 年的諾貝爾物理學獎。預計三億
年後，這個脈衝雙星系統將會碰撞、融合成孤獨的中子星或
者是黑洞。

　　1960 年代，馬里蘭大學的約瑟夫‧韋伯（Joseph Weber,
1919-2000）首次嘗試以共振圓柱探測器來直接觀測重力波。
他將對廣義相對論的興趣轉化為行動，利用休假期間，與惠
勒研習重力波，並且設計觀測方法。他的重力波探測器是一
個兩公尺長，一公尺寬的鋁製圓柱，共振頻率約在 1660 赫茲，
利用表面的壓電材料來判斷圓柱是否因重力波影響變形而產
生電流。韋伯準備了兩個相距約 1,000 公里的偵測器，分別位
於馬里蘭大學與伊利諾州的阿勒岡國家實驗室，並在 1973 年
間宣稱探測到來自銀河系中心的重力波訊號，超出預期的事

例數，甚至讓當時的科學界懷疑現有理論。因此，他的發現與資料分析嚴謹度逐漸遭受挑戰，目前科學界也認為，以當時的靈敏度並不足以觀測到訊號，而是他的分析方法過於粗糙。但無論如何，韋伯的大膽嘗試啟發了後來的重力波探測，從 1960 年代到 2000 年初期，更精良的共振型的重力波探測計畫陸續成形，並形成全球重力波觀測組織與探測器網路。

共振圓柱型探測器的結構簡單，實驗規模較小，但是較窄的頻寬為其致命傷。所以自 1960 年代開始，科學家就已在思考以邁克生（Albert Abraham Michelson, 1852-1931）雷射干

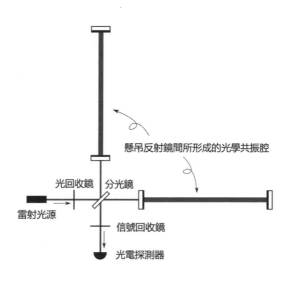

圖 4-3：雷射干涉儀重力波探測器示意圖。

涉儀來測量重力波對測試質量所造成的潮汐力。干涉儀利用
光的相位干涉測量微小距離變化：雷射光經由分光鏡分為兩
束，如圖 4-3 所示，分別在兩個反射鏡所組成的共振腔中反射
數百次後，再沿原路回到分光鏡合併，產生干涉條紋。

　　其中的光回收鏡可將反射回光源的能量再反射到共振腔
內減少雷射損耗，而信號回收鏡為一組可微調干涉訊號的元
件，得以調控探測器的靈敏區間，例如當切換到窄頻模式，
就更適合觀測特定頻率如旋轉中子星的單頻重力波。共振腔
可使光程增加數百倍並提高靈敏度。在沒有擾動的理想情況
下，兩束光的相位剛好抵銷，而重力波經過會改變干涉儀兩
臂的長度，並產生干涉條紋。與共振圓柱探測器不同，雷射
干涉儀規模較大、無論是建置與運作都涉及到龐大的團隊。
自 1980 年代開始，科學家利用 40 公尺以下的小型干涉儀來
發展大型干涉儀觀測所需的技術與工具，並且自 1990 年代
起，開始規劃公里等級的地面大型雷射干涉儀重力波觀測站
（LIGO），電影《星際效應》的科學顧問基普·索恩就在那個
時代扮演重要的推手之一。重力波雷射干涉儀的主要元件包
含數百瓦的穩頻雷射系統，與作為測試質量的反射鏡，並透
過各種光學、電子及機械的減噪技術，將雜訊盡可能降低：
雷射的路徑上維持一兆分之一的大氣壓的真空來減少散射，
並進一步應用多級單擺懸吊反射鏡減少來自地面的震動影響，

甚至連鏡子的鍍膜與懸吊線也要仔細設計，以防止因雷射所造成的熱擾動。這些設計甚至使得干涉儀號稱比太空站中還要穩定，但同時也容易受到其他非重力波所造成的雜訊干擾，因此辨識各種雜訊的特徵，得以正確地讀出由重力波所造成的震動訊號，成為校正干涉儀的最重要步驟之一。雜訊（shot noise）主要來自於反射鏡的震動與信號讀出的統計誤差。其中，反射鏡的震動可能來自於鏡子及其懸吊線的熱擾動、鏡子上雷射光壓造成的量子擾動、附近繁忙的鐵公路與空中交通、遠處伐木工人的作業、地震、數百公里外的海岸受到波浪拍打、甚至是反射鏡附近數十公尺內的人員走動時雙腳交錯運動所形成的重力波，也會產生秒週期的低頻雜訊。至於信號的統計誤差，可以藉著增加雷射強度來壓抑，但這同時也增加了由光壓造成的鏡面擾動，無法兼顧，形成所謂的量子極限。目前克服量子極限的方法，是利用壓縮態（Squeezed state）雷射光：不同於一般同調態的雷射，量子雜訊不隨時間改變，壓縮態的量子雜訊會被「擠壓」到某些特定相位區間，所以，只要固定在那些量子雜訊較小相位區間做測量，就可望突破量子極限。雜訊每減少 10 倍，相當於觀測距離增加 10 倍，也就是增加 1,000 倍的可觀測空間。

實際的觀測原理，其實比單純地根據干涉條紋反推長度變化複雜一些：研究員首先需要仔細對準雷射光，確保公里

等級長度的雷射腔維持共振，一旦達到共振狀態，回饋控制系統會根據干涉條紋的變化，以電磁微致動器推動反射鏡，隨時抵銷任何振動，確保整座干涉儀維持共振。而真正的重力波訊號，就隱藏在這些回饋控制訊號中，留待科學家如大海撈針後解析出來。

幾個地面與太空干涉儀的雜訊曲線可由圖 4-4 看出，其中縱軸是重力應變的功率譜密度，橫軸為頻率。只要預計的重力波訊號大於干涉儀的雜訊曲線，就可能被觀測到。地面干涉儀最靈敏的觀測區間約在數百赫茲上下，大約是具有恆星質量大小的雙黑洞碰撞前的重力波頻段。有些特別突出的尖銳窄頻訊號是來自於儀器中特定模式的雜訊，容易與實際重力波訊號混淆，例如表面不平整的中子星的穩定旋轉所產生之單頻訊號，因此辨識與校調儀器本身的靈敏度特性就變得非常重要。

1990 年代後期，第一代的重力波干涉儀陸續興建，包含美國華盛頓州與路易西安那州的兩座重力波偵測器 LIGO、義大利的 Virgo、德國的 GEO600、日本的 TAMA300。干涉儀網路除了能增加信號的可信度，也強化了干涉儀的方位指向性。這是因為天文上的重力波波長通常與波源的尺度相當、甚至遠大於公里尺度的干涉儀，因此單一干涉儀對來源的解析度通常都會很低。第一代干涉儀網路對波源方向的定位能力僅

僅能達到約數十度的解析程度;相比之下,天文上的電磁波
波長通常遠小於波源的尺度(如星雲與吸積盤),因此能擁

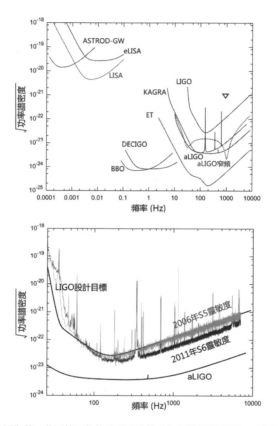

圖 4-4:上圖為第一代至第三代的地面干涉儀(右方高頻段區域),以及未來太空
干涉儀(中低頻段)的雜訊曲線示意圖。其中右方的三角點標示著最先進的低溫
共振型探測器性能,作為參考。下圖為第一代地面干涉儀 LIGO 在早期運作所達成
的實際雜訊曲線圖,已優於原先的設計目標。當波源所造成之重力應變的功率譜
密度高於圖中的雜訊強度,就有機會在該頻段中被觀測到。

有動輒角秒以下的解析度。

　　從 2002 年起，LIGO 已經開始擷取資料，並在 2005 年起，達到了設計靈敏度要求。第五次（2007 年底結束）與第六次運行（2010 年底結束）的結果雖然沒有偵測到重力波，但確定了技術上確實可測量到預期中異常微小的距離變化，同時能對現有的理論模型做出更強的限制。例如，巨蟹星雲脈衝星的自旋衰減程度，與重力波背景輻射強度。其中重力波背景也可能來自於宇宙暴脹，或來自銀河系內許多白矮星雙星碰撞所造成的重力波總和，這都難以用其他方法區別開來。目前 LIGO 團隊已規劃了未來十多年的藍圖，提出可能的願景，兩座由原來 LIGO 升級後的 aLIGO 干涉儀已於 2015 年運作，並預計於 2020 年前達到規劃的靈敏度，逐步將雙中子星碰撞事件的觀測範圍提高到預期的 4 億到 6 億光年，涵蓋區域比室女座星系團還大，即使在最悲觀的情況下，天文學家也預期每年能發生一個雙中子星合併的事件，樂觀的話還能有百倍以上的機會偵測到來自中子星的重力波。

　　目前全球的重力波干涉儀已陸續升級，包含雷射功率的增加，避震系統、反射鏡與懸吊系統的改進等，稱為第二代干涉儀網路，全球包含 aLIGO、aVirgo、印度的 IndIGO（規劃中），以及急起直追的日本 KAGRA 計畫，靈敏度與觀測半徑預計可提高 10 倍，意味著觀測範圍可提高至千倍，並可將波

源定位在幾度之內的區間，因此極可能在 2020 年前觀測到頻率介於 10 到 10,000 赫茲的雙中子星或雙黑洞的重力波信號。歐盟也已開始規劃名為愛因斯坦望遠鏡（Einstein Telescope）的第三代地面探測器，試圖再將熱擾動與地面震動減低，輔以低溫設計，頻寬可增大為 1 到 10,000 赫茲，在數百赫茲左右的靈敏度甚至可達到 10^{-25}。LIGO 的第三代偵測器計畫，LIGO Voyager 與 Cosmic explorer，預計還可以偵測到位於較低頻段的中等質量黑洞活動，這些中等質量黑洞在天文上可能與一些超亮 X 射線光源有關。

在太空重力波干涉儀方面，歐洲太空總署的 LISA 計畫，將由三艘太空船組成正三角形，邊長距離約 250 萬公里的編隊（相當於 6.5 倍地月距離），在地球後面保持隊形跟著繞太陽公轉，如圖 4-5 所示。由於距離太遠，LISA 使用主動式雷射而非反射鏡測量距離，由主太空船發送雷射光，待另外兩艘太空船約 8 秒鐘接收到後，分別再發射同相位的雷射回主太空船比對相位。雖然這僅僅只有一百億分之一的能量能夠被接收，但干涉儀卻可感測到百分之一奈米精度的距離變化，相當於十分之一的原子尺度。為了這個看似科幻小說的計畫能順利進行，它的先期測試任務 LISA pathfinder 已於 2015 年 12 月 3 日升空（距離廣義相對論的發表一百年又一天），測試無拖曳慣性飛行（drag-free）及光學元件在單一太空船內能

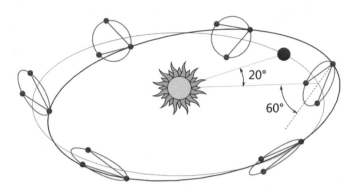

圖 4-5：太空重力波雷射干涉儀的軌道示意圖。除了跟隨在地球後面的編隊外，圖中也顯示一年的軌道運行中其他五個時間點的編隊位置。

否預期運作。同時，美國太空總署也決定重新加入 LISA 計畫，當初為了因應美國在 2011 年的退出而縮減的兩道雷射臂設計，可望再還原為三道雷射臂，形成三座獨立干涉儀。與地面干涉儀不同的是，太空干涉儀主要的觀測區間落在更低的頻率範圍，約萬分之一到一赫茲，主要目標如超大質量黑洞系統碰撞融合時所產生的重力波，及高質量比的雙星系統。

　　科學家們更宏觀的計畫是進行重力波多信息觀測，結合其他太空或地面的各種觀測設備，來描繪宇宙的圖像。如微中子探測計畫（ANTARES Collaboration、超級神岡探測器、冰立方微中子天文臺等），光學觀測、伽瑪射線、X 射線、無線電等其他電磁波段的觀測。例如目前美國太空總署運作中

的雨燕觀測衛星（Swift），可大範圍偵測伽瑪射線爆（Gamma
ray burst, GRB），並在偵測後數十秒內將 X 光鏡頭轉動至定
位並追蹤後續 X 光餘暉，方位精確度可達角秒等級，同時，
地面光學及無線電望遠鏡也進行後續觀測，這些可見光與紅
外線餘暉也可能與這些劇烈活動後形成的重元素衰變有關。
未來，重力波觀測也將加入這個網路中，分析來源的方位、
距離與型態，並拼湊出相關天體的演化歷史。

重力波捎來宇宙的訊息

　　電磁波是電磁場在時空上振盪傳播，而重力波則是時空
本身的振盪，因此對於重力波是否真的是物理上有意義的波，
或僅僅是座標的效應，早期仍有爭議。直到 1960 年代科學家
推導出雙星系統的重力輻射，以及 1970 年代休斯與泰勒的脈
衝雙星觀測，才使得科學家認真看待重力波的存在。電磁波易
於產生與控制，從 1865 年馬克斯威爾（James Clerk Maxwell,
1831-1879）的電磁波理論預測，到赫茲（Heinrich Hertz,
1857-1894）的實驗驗證，過程不到四分之一個世紀，並於 19
世紀末就開始應用在無線通信上。透過實驗，人們很快掌握
電磁波性質。而電磁波的天文觀測也已深入到銀河系中心，
尋找行星，記錄恆星的生與死。相對而言，實驗室內的重力

波操控幾乎不可能，因此天文觀測成為唯一的試驗場：我們被動地等待來自遠方星系巨大質量的同調運動所產生的重力波，並且聆聽它捎來的資訊，揭露宇宙深處甚至是誕生之初最劇烈的大霹靂事件。不像電磁波，重力波與其他物質的作用極小，不會輕易地被吸收或散射，因此幾乎可不受干擾地通過各種型態的介質，帶來深埋在事件深處的資訊，如超新星爆炸的內核塌縮。因此天文觀測對重力波而言，既是應用，也是重要的研究工具，可以反映出與電磁波觀測互補的資訊。

在重力波波形研究中，最典型的應該就是雙黑洞系統了。黑洞是廣義相對論中最神祕，卻也是最單純的物體，它不具備內部結構，只需要以質量、角動量與電荷三個參數即可描述，而且它們的動力學僅牽涉時空演化，不須考慮其他物質的運動方程式。當然，在實際的天體中，黑洞周遭多半會圍繞著星際電漿等物質，並且伴隨著物質吸積過程產生各種電磁輻射。天文上，黑洞的質量範圍很廣，從恆星質量級黑洞（5到數十個太陽質量），中質量級黑洞，到超大質量級黑洞（10萬至100億太陽質量），並且有愈來愈多的觀測暗示，許多星系的中央都有超大質量級黑洞或其雙星，例如銀河系中央就存在著400萬太陽質量的黑洞。

雙黑洞系統以近乎圓形軌道互繞旋入（Inspiral）、碰撞融合（merger），最後趨於穩定（Ringdown），產生的重力

波如圖 4-6 所示，每互繞一圈會產生出兩個週期的重力波。當雙黑洞距離足夠遠時，互繞的速度遠小於光速，此時的運動近似於牛頓重力之描述，除了軌道半徑因微弱的重力輻射而逐漸縮小，此時的重力波是振幅及頻率都逐漸上升的單調週期波；等到雙黑洞旋入到了臨界距離，大約為事件視界（event horizon）半徑的 8 倍時，軌道速度接近光速，這時重力的強大潮汐力使它們頃刻間撕裂崩潰，並融合成單一黑洞，產生振幅最大的重力波。一個 10 倍太陽質量的黑洞雙星臨界距離

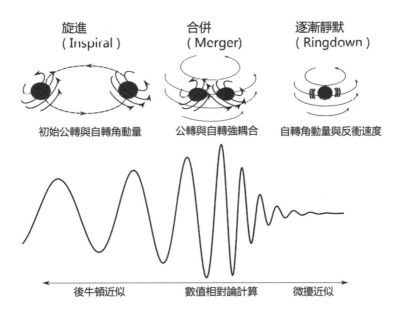

圖 4-6：雙黑洞互繞旋進、碰撞合併並逐漸靜默的完整重力波波形。

約為 200 公里，融合過程僅為數百毫秒。最後，融合後的震
盪黑洞將逐漸靜默成為靜態黑洞，此時的重力波逐漸減小，
且頻率約為與質量成反比的自然振動頻率。波形反映了雙星
的質量、自旋、自轉週期、軌道面、以及方位等資訊。整個
過程中，大約 3% 的質量會轉變成重力波輻射出去，因此最後
的黑洞質量略小於融合前的雙黑洞質量總和。如果雙黑洞的
大小或自旋不同，這種不對稱性也會讓重力波所帶走的動量
在各方向不均勻，使最終黑洞獲得反衝速度，並飄離最初的
質心位置，甚至可能脫離原先的星系，形成孤單黑洞。雙黑
洞初始的圓形軌道是相當合理的假設，因為就算原本是扁長
的橢圓軌道，每當雙星距離愈靠近時，輻射出的重力波能量
愈大，也會使軌道偏心率逐漸降低，逐漸近似成圓形軌道，
這種現象就稱為重力圓化效應。對於雙黑洞融合階段的波形
描述，直到 2005 年才首度計算出來，相比於牛頓力學中雙體
運動的圓錐曲線解析解，雙黑洞——廣義相對論中最簡單的
雙體運動——的完整軌跡則需要倚賴電腦的計算。

　　中子星與黑洞都是恆星演化的產物，它們也可能形成雙
星系統，輻射出更複雜的重力波波形，並且蘊藏了中子星內
部結構的訊息。中子星的密度可高達每立方公分 10^{15} 公克，
幾乎是原子核的密度，就像是一個太陽被壓縮成直徑為台北
市的大小，如此高密度的物質幾乎不可能在實驗室內實現，

因此它們的性質仍待深入研究。這些緻密雙星系統在天文上的分布不容易估計，根據目前的觀測數據與統計模型估計，每百萬年中會有數百個雙中子星系統在類似銀河系的星系中碰撞。而黑洞中子星雙星碰撞的發生率就更不確定了，估計小了 100 倍。第二代地面重力波干涉儀 aLIGO 每年約可觀測到 10 個雙中子星或一個黑洞中子星雙星的碰撞訊號。這些緻密雙星碰撞也許可解釋強烈的伽瑪射線爆（GRB）的來源，或關聯到宇宙中重元素的形成與分布，而它們所產生的重力波也可能用來推論暗物質的分布情況。重力波干涉儀直接測量重力波振幅，而非強度，因此理論上可獨立計算天體光度距離，不需依賴其他的天文測距方式，如視差、或依賴變星等標準燭光的方法，且有效距離可以涵蓋更廣。伽瑪射線爆是 1967 年代末冷戰時期的意外發現。當時美國的「船帆衛星」本來的目的是要偵測蘇聯核試驗所產生的高能輻射，卻意外接收到外太空的高能量訊號。目前每年大約可觀測一兩百個伽瑪射線爆，並有差異極大的光度曲線。根據不同的形成機制，這些訊號可持續長達數小時、又或短至不到兩秒鐘。目前普遍認為，前者來自於大質量恆星塌縮形成超新星的過程，而後者可能來自於黑洞或中子星等緻密星體的碰撞融合，不過兩者都伴隨著自兩極噴發的高能量粒子與輻射噴流。短伽瑪射線爆的瞬間能量甚至可達 10^{44} 到 10^{47} 瓦，幾乎是整個銀

河系一世紀中所釋放的總能量，是個絕佳的大自然高能實驗室。如果剛好在銀河系內爆發，巨大的能量將可能對地球造成災難。科學家還無法確定如此巨大能量的詳細生成機制，不過這個系統將是個絕佳的大自然觀測樣本：雙星碰撞產生重力波後，形成朝著地球而來的高能量粒子與輻射噴流，並可持續數秒，或長達數小時。隨著噴流逐漸減弱，較低能量的 X 射線、可見光，或無線電餘暉，可再持續數天甚至數個月，這一系列的觀測將有助於釐清完整的緻密雙星演化歷程。

天文上的電磁波頻率約從無線電頻段 10^7 赫茲起向上延伸二十個數量級，天文上的重力波頻率很恰巧地也橫跨約二十個量級，從極低頻 10^{-18} 赫茲起向上延伸。不同的天文現象，對應到不同頻段及幅度的重力波，需要不同的觀測工具。重力波波形及性質難以地面實驗研究，所以，科學家尋找天文現象所對應的重力波，並以理論或模擬建立重力波波形資料庫，以準備未來的精確觀測並反推波源的性質。

極低頻 10^{-15} 赫茲以下的重力波是由宇宙暴脹所放大的原始重力波，三千萬光年以上的波長尺度大約與室女座星系團相當，是宇宙中最大的結構，在這個尺度以上的宇宙看起來幾乎是均勻的。原始重力波會使微波背景輻射的光子具有帶漩渦狀的 B 模式偏振，而同樣被放大的密度擾動只會造成線性偏振。2014 年 3 月，南極的 BICEP2 實驗宣稱首次測量到

B 模式偏振，雖然後來認為該結果僅是來自於銀河系塵埃的影響，並非由重力波造成，但未來更精密的測量將提供宇宙暴脹理論有力證據。

超低頻 10^{-9} 到 10^{-7} 赫茲，波長約在 1 光年之譜的重力波，可能是由宇宙早期暴脹降溫的相變所造成。宇宙相變可能會造成臆測中的宇宙弦或是如結晶般的邊界，這些宇宙弦碰撞斷裂的過程會形成重力波。超大質量雙黑洞系統也出現在這個頻段。超低頻段的測量主要透過脈衝星計時陣列，透過地面無線電望遠鏡持續追蹤脈衝星訊號擾動，來反推經過的重力波。脈衝星的信號十分穩定，可媲美原子鐘，頻率約從 1 毫秒到 10 秒間。已知的脈衝星約有 2,400 多顆，目前全球有三個主要的脈衝星計時陣列，分別位於歐洲、北美，以及澳洲的新南威爾斯。中國的 500 米口徑無線電望遠鏡（FAST）以及未來位於南非、澳洲的平方公里陣列（SKA）也即將加入全球脈衝星計時陣列。

從 10^{-4} 赫茲到 1 赫茲是太空重力波干涉儀主要的觀測區段。有幾個波源是可以確定的，如銀河系內已知的白矮雙星互繞，或是正經歷吸積過程，包含白矮星或中子星的雙星系統，這些重力波可以由廣義相對論的弱場近似計算。另外，銀河系內還有很多分布不對稱的白矮雙星，由於數量太多無法分辨，因此只能從統計上得出類似雜訊的背景貢獻，這些不對

稱會使背景重力波出現特定的統計特性，也成為判斷白矮雙星分布的工具。低頻重力波可能也來自於百萬太陽質量黑洞的碰撞融合，或是超大質量恆星塌縮爆炸所形成的脈衝波。特別是，當塌縮爆炸的過程中損失大量質量，非球對稱的不穩定性可能造成較長的重力波信號。另外，恆星質量星體環繞超大質量黑洞的長週期軌道也會產生低頻重力波，由於大部分星系中心都可能有超大質量黑洞，因此這種可能性很高，也是太空干涉儀的主要目標之一。干涉儀也可觀測到不同頻段的原始重力波隨機背景：與儀器本身的雜訊不同，不同地點的重力波隨機背景是相關的，因此計算不同干涉儀訊號的相關性，即可得出真正的重力波背景。太空中沒有干涉儀網路，但 LISA 還是可以藉由三艘太空船的信號相關性分析出重力波背景。

最後，從 10 赫茲到 10,000 赫茲的高頻重力波來自相對較小的星體活動，如恆星質量級的黑洞中子星等緻密星體在最後一小時的旋入碰撞融合階段、太陽質量大小之恆星塌縮、超新星爆炸，及不對稱的高速旋轉中子星。

科學家也可利用已知中子星的脈衝週期來輔助重力波觀測，如巨蟹星雲中的無線電脈衝星。除了會發射無線電波的脈衝中子星外，一般的雙中子星並不容易以傳統天文學觀測，遑論雙黑洞系統。帶有伴星的中子星，其強大的重力場會撕

裂並吸引伴星物質形成吸積盤並產生 X 光，當質量夠大時就
會形成黑洞。雙中子星合併也被認為是短伽瑪射線的來源，
並且形成比鐵還要重的元素。事實上，除了氫、氦兩種輕元
素外，其他較重的元素都是由這些極端強重力場下的過程產
生，沒有這些事件，生命賴以存在的元素也難以出現。這些
雙星系統有希望以重力波訊號定位出來，並估計在宇宙中的
發生率。

數值相對論：計算宇宙的奧祕

　　廣義相對論提供了現代天文學與宇宙學相當扎實的理論
基礎。為了描述黑洞或中子星等緻密星體碰撞、超新星爆炸，
以及它們的精確重力波波形，我們需要了解愛因斯坦方程式
的性質與長期演化結果。愛因斯坦方程式是非線性的多變數
耦合方程，即使是最簡單的雙黑洞演化問題也難有解析解，
而需要依賴數值模擬，並衍生出數值相對論。在數值計算上
一個大問題是，如何在形式上為四維的愛因斯坦方程式中，
解讀出空間與時間兩個概念？畢竟自從 1905 年的狹義相對論
發表後，所有物理定律都可用四維時空之協變（張量）形式
表示，使得在不同慣性座標下所看到的物理定律都具有一樣
的數學形式，即使物理現象看起來很不一樣。譬如，在雨中

奔跑，垂直下落的雨滴好像往前撲來，或是移動座標中的靜電場看起來是磁場一般。這個問題在經過了近半個世紀後，有了明確解釋，形式上四維的愛因斯坦方程式，終於被拆解成較明確的三維空間的演化方程。在這樣的表示下，四維時空可任意被「切割」成三維空間的堆砌，不同的切法由四個參數所描述，分別代表相鄰切片的時間間隔與空間座標平移。一旦知道某一初始切片的三維內稟曲率及它的「速度」（即是三維切片的外稟曲率，描述該曲面如何鑲嵌在四維下），並設定下一相鄰切片的四個參數，愛因斯坦方程式就能決定接下來的演化結果。無論怎麼切，拼湊起來都可重建成相同的四維時空。這也意味著，座標只是一種標記，不會影響到時空的幾何性質。如果以一條白吐司作為三維空間的例子，可以選擇漂亮地切成每一片寬度相同的二維片，也可以切得歪七扭八，但都能拼湊成原來的一整條白吐司，具有唯一的三維性質。圖 4-7 顯示地月公轉系統中最簡單的切片。

　　另一個概念上的問題為三維初始切片的選擇。以雙黑洞初始切片為例，電腦無法直接處理黑洞中心發散（無限大）的奇異點。另外，不像真空電磁場的馬克斯威爾理論，廣義相對論是完全非線性的：直接將兩個史瓦西黑洞解相加，並不等於雙黑洞初始時空，除非雙黑洞相距無限遠。而沒有好的初始條件，就不可能模擬出正確的結果。所以在 1970 年代

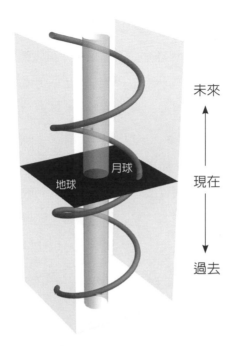

圖 4-7：地月公轉所形成的四維時空叵表示為三維
空間沿著時間方向的切片。

前，當多黑洞的時空解還無法計算，科學家用相當簡化的初
始條件來模擬雙黑洞碰撞的過程，例如，以特殊蟲洞解，連
接兩個相距不遠的黑洞，來近似天文上的雙黑洞系統互撞，
據估計，這種迎頭互撞的黑洞系統可釋放出約千分之一總質
量的重力輻射。這樣的系統其實可視為史瓦西黑洞的微擾態，
後來在 1994 年以近距離極限近似計算也可得到類似結果，但
這種近似遠遠小於後來實際的模擬結果。

對於奇異點的處理，則需要充分利用黑洞事件視界的特性。在古典理論下，黑洞的事件視界是一個環繞黑洞的球面，一旦掉入，雖然仍可以接收外界資訊，但無法傳出任何訊息，它的內部可說是完全獨立於我們所處的外部宇宙。既然所有的訊息只進不出，因此在數值上，只要能大約確定它的位置，就可直接忽略、並挖除事件視界內部來進行黑洞演化。雖然這個方法在概念上很直接，但計算上牽涉到較特殊的處理，因此有另外所謂的穿刺法。它的想法是，既然事件視界內部完全獨立於我們的宇宙，那數學上，可以建構一個很有想像力的解，就是將黑洞與另一個宇宙的白洞結合起來，當然，這能否以實驗證實是另一回事，但至少這代表著黑洞的奇異點不過是另一端宇宙的無限遠區域，在那兒的時空不存在無限大的問題，數值上，這樣的處理直接且有效。目前穿刺法與挖除法是處理奇異點的主流方法，另外也有以複變函數的解析延拓原理來避免奇異點的嘗試，雖然相當精緻漂亮，但要推廣到較複雜的系統可能需要更多研究。

在 1995 年前，即使最簡單的單黑洞模擬計算也只能穩定持續很短的時間，對於十倍太陽質量的單一靜態黑洞系統，還不到半秒鐘，這著實困擾了當時的科學家，就好像氣象預報只能預測下一秒鐘一樣地沒有意義。人們逐漸了解，這並非數值方法的問題：將連續的演化方程寫成離散數值方程的

動作並沒問題，問題在於演化方程式天生的不穩定，使得在目前電腦的架構下，僅能保存約十六位有效位數，因此微小的捨入誤差，也會迅速以指數成長並破壞計算結果。如果日後有人能發明一臺可處理無限位數的電腦，這個問題也許就不會發生了。當然科學家不會做這樣的等待：1995 年，日本與美國的物理學家分別提出 BSSN 演化方程（這是以四位發明者的姓名字首命名）。數學上，它與原來的愛氏方程等價，再配合適當的時空切片，會有較好的數值表現，誤差也因方程式本身隱含的耗散作用減少。在此之後的發展大抵上豁然開朗：第一個三維雙黑洞對撞在 1999 年實現，2004 年有了第一個互繞旋入碰撞前的完整軌道，並在一年後，加州埋丄學院、美國太空總署與德州大學三個研究群分別發表完整的雙黑洞旋入、碰撞、融合的重力波波形。數值相對論領域愈臻成熟，以大型電腦叢集進行長時間黑洞模擬已為常態，相當於一臺個人電腦數年的計算量。科學家持續考慮更實際、更複雜的相對論電磁流體問題，期望描述黑洞吸積盤系統、中子星黑洞演化、超新星爆炸過程等，以研究噴流機制、重力波與電磁波耦合可能機制，以及強重力場下的基本物理研究。

技術上，數值相對論與流體、電磁場等模擬計算並無二致，都在處理耦合偏微分方程式的時間演化，除了前者牽涉到較多物理量與高度非線性的性質外，重力波測量需在離波

源較遠處的平坦時空中才有意義，符合弱場近似要求，因此需要較大的計算區域，以同時包含波源動力學與輻射區。這兩個尺度甚至可以差到 1,000 倍以上，因此，為了在有限計算量涵蓋這麼大的區域，通常使用多層網格細化方法，在需要高解析度的區域鋪設層層較細的網格以節省計算，如靠近黑洞的地方。以十層網格為例，每層解析度差 1 倍，就可以涵蓋約 1,000 倍大的尺度。我們可以粗略地估計三維真空黑洞模擬的計算量與記憶體空間需求：需要記錄的物理量約有近 200 個分量，包含三維切面的內稟、外稟曲率以及描述三維面切法的四個參數及其他輔助量，若每方向以 128 個格點描述，總共約需要近 30G 位元組；考慮最簡單的二階數值方法，每一格點的演化只與相鄰點有關，那演化方程上的每一點約需 5,000 次的浮點運算，通常需要進行 10,000 步的模擬，這樣的的總計算量約為 200 千兆次浮點運算，以目前（GHz）等級的中央處理器核心為例，每秒約可進行 100 億次浮點運算，這樣也需要將近半年的計算，若以 100 個核心的叢集電腦也需約一個星期才可完成。

　　數值相對論在重力波觀測上扮演獨特的角色，因為它是唯一可以計算出完整重力波波形的工具。這些精確波形將作為波形模板，與重力波干涉儀偵測器的觀測信號做交叉比對，以判斷是否觀測到重力波，以及比對波源的性質。就好像潛

水艇接收聲納信號後，利用聲紋資料庫比對來辨識敵艦，或是罪犯的指紋比對。隨著重力波干涉儀精度增加，數值相對論的角色也逐漸從定性到定量，對模擬波形振幅及相位的誤差要求更高，目前四階有限差分的計算分別約可得出千分之一的相對誤差，而精度提高意味著所需的信噪比成反比降低（由於重力波不易與其他物質發生作用，因此信噪比只與波源、距離以及干涉儀性能有關，天文學家就可根據天文事件預期事例數來估計觀測到重力波的機率）。除了精確度之外，波形的數量也是挑戰，單單一個雙黑洞波形的參數空間至少有七個維度，包含質量比、自旋等，即使每個維度只取 10 個代表點，波形模板數量也很驚人。因此，除了資料的降維技術等其他近似方法，龐大計算量不可避免。未來的太空重力波干涉儀所需模板數量可達到百萬的數量級。如果考慮包含物質的中子星系統，情況又更複雜了，包含電磁場、狀態方程、光子、微中子傳輸方程、輻射傳輸等熱效應，參數空間更大，若再考慮各種可能的中子星內部物質模型與參數，「維度的詛咒」勢必帶來計算的挑戰，並驅動更有效率的參數搜尋的研究發展。

　　針對雙黑洞的互繞旋入、碰撞及融合波形，最直接的近似方式是搭配後牛頓方法以及近距離極限方法，分別以理論計算前期互繞旋入與後期融合波形，再結合數值計算出的中

段碰撞波形。德國愛因斯坦研究所在 2002 年後所進行的拉撒路計畫就是這個嘗試，他們借用拉撒路死而復活的聖經故事，生動地描述理論微擾近似在碰撞時失效、卻又在融合晚期回復的過程。目前的數值計算愈臻成熟，可提供更完整的中段波形，使整段波形愈臻準確。

從 2006 年起，數值相對論逐漸開始與重力波資料分析研究群建立共同語言。並在 2009 年後，開始正視理論或數值波形在重力波干涉儀觀測中扮演的角色，此時重力波干涉儀觀測已進行一段時間了，並且正要開始第六次接近一年的科學運行。主要目標是希望結合解析與數值波形、整合研究群間的數值模擬結果、嘗試建立通用的重力波資料交換格式，最重要的是將數值波形應用到地面干涉儀的觀測與測試。在這一次的運行中，觀測團隊祕密地將模擬重力波訊號「注入」到干涉儀網路中，人為地製造反射鏡的移動以產生假信號，來測試資料分析團隊是否能偵測出來。它們的確獨立地發現了人為模擬的雙黑洞碰撞訊號，並且通知合作的天文臺追蹤該天區的後續發展，甚至還準備發表論文了。這種類似演習的盲目測試，在現代的複雜實驗是相當必要的，由於重力波觀測將是前所未有的發現，寧願錯過疑似訊號，也要避免誤判雜訊為重力波訊號的可能。

除了以觀測為導向的數值波形研究，另外一部分的數值

相對論研究則更著重在基本物理課題，並試圖解開目前尚不清楚的天文物理機制。其中一個 2008 年的例子，是關於粒子高速對撞形成黑洞的可能性。根據 1970 年代基普・索恩的圓環猜想，黑洞的形成需要將足夠多的質量（即能量）集中在史瓦西半徑大小的球面內（史瓦西半徑與質量成正比，地球質量大小的史瓦西半徑只有約 9 公釐）。而接近光速的粒子有足夠多的動能，因此融合的能量團會有足夠大的史瓦西半徑，並形成黑洞，這個模擬支持了古典的圓環猜想。這也是為何有些人會擔心目前世界上的大型粒子加速器實驗中，這類的微小黑洞產生的可能性並吞噬周遭物質毀滅世界，不過還好科學家有另一套理論，說明這些微黑洞會被迅速蒸發掉。

最複雜的廣義相對論模擬應該是包含中子星的碰撞了，牽涉到重力、電磁力以及各種複雜物質狀態的交互作用，這些高溫高壓的極端物質狀態，也是高能或凝態領域最前沿的研究課題，甚至難以在實驗室中研究，而來自深遠太空的重力波可能會提供一些線索。早在中子發現前的 1930 年代，科學家就猜測恆星內部必定有相當緻密的中子核心，以支撐向心的重力塌縮。我們現在了解恆星的能量來源是核融合過程，而這一個臆測中的中子核實際上是巨大恆星死亡的結果，屆時核融合將停止產生向外的壓力，自此重力逐漸主宰一切，使星球核心向內塌縮並觸發更重的核反應，並因最後一次的

膨脹或爆炸中失去大部分的質量，形成白矮星、中子星或黑洞。約小於 8 個太陽質量的恆星會形成白矮星，最重可達 1.4 個太陽質量；而小於 30 個太陽質量的恆星會形成中子星，更大的則變成黑洞。中子星的質量極限約在 1.5 至 3 個太陽質量，這麼大的不確定性源自於未知的內部組成物質。這個不確定也反應在中子星碰撞後會形成更大的中子星、還是形成黑洞的疑問。2005 年，日本京都大學的模擬顯示中子星碰撞合併前所產生重力波波形特徵，會反應出內部組成物質的資訊，這個計算再度建立起深空巨觀現象與微觀物質世界的聯繫。在宇宙中，中子星碰撞比雙黑洞還要頻繁，據估計，在一億五千萬光年內，大約是整個室女座星系團範圍內的中子星碰撞，都有機會被地面干涉儀觀測到。一旦觀測到約 3,000 赫茲並持續十分之一秒的信號，就可更加確定中子星的質量下限，並檢驗目前的理論模型。

現在的電腦模擬已逐漸細緻到能讓科學家更定量地討論極端天文現象，如雙星碰撞並產生短伽瑪射線爆。在最近 2011 年的模擬中，首次重現了直徑約十幾公里的雙中子星碰撞融合成黑洞，並產生噴流的過程。圖 4-8 中，在融合後的瞬間，磁場從一團混亂的炙熱物質中逐漸增加至地球磁場的 1,000 兆倍，並且向兩極形成類似漏斗的狹窄通道，形成高能量噴流。最近的雙黑洞與吸積盤的演化模擬中也觀察到類似

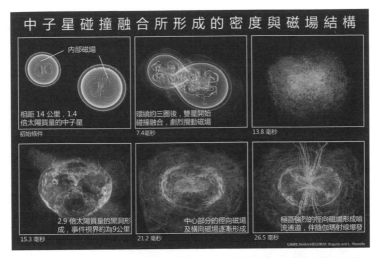

圖 4-8：耗時將近兩個月中子星碰撞模擬。在這個歷時不到 30 毫秒的絢麗過程，顯示中了星融合並形成黑洞後的瞬間，以白色線條表示的磁場迅速增強並從兩極延伸出去。（感謝 NASA/AEI/ZIB, M. Koppitz and L. Rezzolla 授權圖片使用）

結果。雖然目前模擬的噴流能量仍遠低於觀測值，但還是可以提供電磁波與重力波的相關性，作為重力波天文學觀測的先導研究。

重力波天文學的未來

2016 年 2 月 11 日，LIGO 團隊正式宣布觀測到了重力波事件，GW150914。這是人類第一次直接聽到來自深空的重力波，也代表了愛因斯坦最後一個理論預測在百年後的實現。

這個強烈重力波訊號來自 13 億年前某個瞬間的雙黑洞碰撞。兩個幾乎不自轉、約 30 倍太陽質量的黑洞，可能因為某個絢麗而未知的過程形成雙星系統，然後趨於平淡，以近似於牛頓力學的克卜勒軌道互繞了數百萬甚至數億年。但緩慢輻射出的重力波，使得雙黑洞愈來愈靠近，速度愈來愈快，最後在相距不到一千公里，大約是黑洞半徑 4.5 倍的距離時，強重力場使它們的軌道變得極端不穩定，並在頃刻間毀滅性碰撞，融合成一個帶有自轉的黑洞，蜷縮宇宙的一角。整個歷時不到半秒鐘的碰撞過程，重力波輻射頻率從 35 赫茲攀升到 250 赫茲，並經歷 13 億年的傳遞後，在臺灣時間 2015 年 9 月 14 日傍晚到達地球。碰撞的瞬間釋放約三個太陽的能量，強度幾乎超過全宇宙所有恆星的耗散功率。很湊巧地，這一個不太自轉的雙黑洞環繞、碰撞與融合過程，恰恰是最單純，也是過去半個世紀研究最徹底的廣義相對論雙體系統。

發現訊號的當晚，aLIGO 才剛經歷完一系列的測試，研究人員與學生們決定提早收工，讓干涉儀處於「工程階段」運行，此時離正式運作時間還有四天。不久前，雷射干涉儀之父魏斯（Rainer Weiss）甚至還提議暫緩上線，以徹底檢察雷射調變系統對全觀測頻段造成的零星雜訊。好在這個建議沒被採納，不然就錯過了人類與重力波的第一次接觸。在這次戲劇性的觀測中，訊號異常強烈，幾乎可直接以肉眼看出，如

圖 4-9 所示，因此大家甚至懷疑這不過又是另一次如 2010 年的「演習」。即使如此，實際上仍需大量分析與波形匹配計算，才可定量估計誤判率以及雙黑洞參數。之後四個月內的第一階段科學運作總共觀測到「2.5」個訊號，而那「半個」訊號，LVT151012，是因為它偏離雜訊達不到兩個標準差，遠低於科學發現所要求的「五個標準差」（誤判率約為三百五十萬分之一）的統計顯著度。也就是說這「半」個訊號，有四十分之一的可能性只是雜訊。2016 年 11 月開始的第二階段觀測又發現了第三個發生在 30 億光年之外傳來的重力波訊號，是目前觀測到最遠的雙黑洞碰撞事件。

　　未來將會經常性地觀測到重力波，這不僅僅只是滿足理論上的預測，也展示了人類已能精密地測量一種與電磁波全然不同的宇宙訊息載體。目前三個重力波的觀測都支持雙黑洞系統，以及數十個太陽質量等級的「中質量」黑洞存在——這對天文學家算是個不小的驚奇。一方面，位於銀河系中心的超大黑洞（百萬太陽質量）已有強烈的觀測證據；另一方面，X 射線雙星（主星是黑洞或中子星，逐漸吞噬伴星的質量）的觀測也證實了不少恆星等級的「正常黑洞」（十幾個太陽質量），與現有的恆星演化模型相符。這個驚奇卻引發了另外一個困難，就是這些「中質量」雙黑洞到底是如何形成的？在宇宙中的分布與發生頻率又為何？它們的存在是否與目前

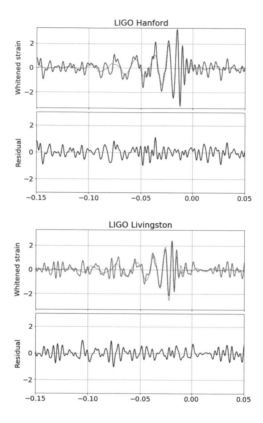

圖 4-9：重力波 GW150914 事件附近 0.2 秒的波形，縱軸
代表重力應變振幅，約在 10^{-18} 左右，此處以標準差為單位
表示。上半部分別為 LIGO Hanford 與 Livingston 干涉儀的
實際波形（實線）與理論模板（虛線）。兩座干涉儀的觀
測值與波形模板的差值（實線減去虛線，如下半圖）幾乎
互為不相干的雜訊，因此科學家才能有信心地宣稱該訊號
並非局部雜訊，而是真的重力波訊號。（資料來源：LIGO
Open Science Center）

的標準恆星演化模型牴觸？這些關於自然現象的前世、今生、未來，向來都是科學家喜歡思考的課題，也算是科學家的一種浪漫情懷。2017 年 8 月 1 日，VIRGO 剛宣布加入 LIGO 的觀測網，這讓重力波的研究前景更為樂觀；我們可以期待，下一階段的觀測網將會帶來更多驚喜。隨著偵測靈敏度的提高，也許在不久的將來，我們就可以聽到來自雙中子星以及其他怪異星體的訊號，甚至能對暗物質的分布與成因，提出更自然的解釋。

目前，中國、歐洲、日本等國的重力波太空計畫也持續進行著。中國中科院的太極計畫與中國中山大學的天琴太空重力波探測計畫都在規劃中。太極的規模宏大，預計運行在太陽的同步軌道，目標為探測 0.1 毫赫茲到 1 赫茲的重力波。而天琴計畫則著重於觀測一個特定已知的短週期白矮星雙星系統的重力波特性。LISA 計畫書已於 2017 年 1 月提交至歐洲太空總署的計畫時程中，而美國太空總署也在重力波發現後的熱潮中重新加入 LISA 計畫。

這一波的發現僅僅是重力波研究的開端，在這三個雙黑洞碰撞事件的觀測後，未來結合傳統天文學的多信息重力波觀測將準備顛覆人們的想像。位於美、義、日、印的第二代干涉儀網路將於未來的十數年中陸續形成更大的觀測網並逐步達到設計靈敏度。太空干涉儀觀測訊號將會提供來自較重的

黑洞的低頻重力波特性，或者雙黑洞互繞的早期低頻的詳細過程，與地面干涉儀觀測搭配後，將會得到黑洞演化的完整歷程。而計畫中的第三代重力波干涉儀網路，可望於二三十年後，有能力聆聽到宇宙中自從第一顆恆星演化完成後所有的雙黑洞事件。面對即將邁進重力波天文學的新時代，各種研究社群持續投入重力波物理研究；無論是從傳統的理論面向切入，研究重力、時空的本質；或從天文應用的角度，分析觀測數據、探討強場下的未知現象；抑或是捲起衣袖，投入探測器的設計、改進、甚至創新等等，「研究，就是不斷在已知的邊界上往未知探索」，相比於一百多年前電磁波理論的提出、驗證及實際應用，重力波探索之路顯然艱辛多了。在成為探測宇宙的新一道窗之前，仍有許多理論、工程挑戰，等待新一代的科學家克服。

　　本文從重力波理論開始談起，簡述重力波觀測的發展、天文上的重要性，以及數值相對論計算的進展，並以最近重力波觀測結果與未來發展作為結尾。我們試圖呈現自廣義相對論提出以來的一個世紀，科學家從不確定到懷抱希望地聯合尋找重力波的過程。重力的研究始於人們對行星軌道觀測，牛頓與愛因斯坦的洞察力將之表達為極簡的數學語言；在不遠的將來，深空的觀測將不斷檢驗現有理論。即使最終的結果出乎預期，藉由全球協同的科學觀測以及愈臻完備的理論

與模擬計算，人類也將累積探索的經驗，與對自然的洞察力。
為了解開宇宙的運作法則，從不同領域的角度抽絲剝繭，看
似互相獨立發展的各種研究領域，最終似乎仍自然地收斂在
一起。至於將來重力波的實際應用，更是挑戰人類想像的極
限。

5

物理中的時空概念

江祖永

　　說起時間和空間，一般人都覺得知道它是什麼；若要把這個「是什麼」說清楚，倒會讓人覺得很為難。對於沒有受過嚴格科學訓練的人來說，所有的直觀的物理概念，莫不如此。然而學過物理以及訓練有素的科學工作者，卻往往對什麼是某個物理概念的純直觀內容，什麼是這概念在現有（特定）理論及思維模式下的抽象內容以及偏見，混淆不清。熟悉的東西容易被看成自然而然的，這種偏見會讓我們難以走出現有理論的局限。

　　本文的讀者，大概也都知道愛因斯坦改變了我們對時間和空間的認識。他的狹義相對論把兩者合而為一──時空；他的廣義相對論說，時空一般是彎曲的，它的曲率對應重力的大小。愛因斯坦相對論中的時空概念與一般人對時空的認識好像有一定的距離，如果你曾經滿懷熱誠地向一位沒有學過物理的長輩解釋其中的時空概念，就一定對之有深刻的體會。然而你可曾認真審視過時空概念在人類的認識中，在物理學的發展中，曾經歷過怎樣的改變？

　　簡單說，基礎物理的每一個重大突破都伴隨著我們對時空新的認識，都改變它作為物理概念的內涵；而對時空更深入、更進一步的認識從來都是基礎物理的重要工作之一。至少從我個人的觀點來看，在當下這個「更進一步」基本上是指更小的尺度──所謂「量子時空」。就著本文，我嘗試跟大

家分享一些自己在這方面的想法;然而作為一個科學工作者,我倒要提醒讀者留意想法跟物理理論,以及哲學思考跟科學分析的分際。我們最期望能做到的是,給年輕與熱愛基礎科學的讀者一些如何探討物理的抽象理論觀念的啟示。

從牛頓開始

談到物理,大家都會想到牛頓。牛頓所完成建構的力學體系是理論物理的第一座基石,甚至曾被視為一切科學理論以及任何人類可靠知識的典範。力學要描述的是運動,運動就是一個物體的空間位置隨時間的改變。所以描述運動不能不先描述時空;要對運動有一定程度的理解,不得不先對時空有一定的認識。牛頓力學的時空觀是什麼?它又從何而來?在牛頓的理論裡面他有告訴我們嗎?事實上在牛頓的力學定律裡,有一個清晰的空間概念,這概念於他的力學理論結構有著關鍵的角色。牛頓的時間概念可以算是直觀的,它是完全獨立於空間的。

為什麼牛頓的時間概念「可以算是直觀的」?那空間呢?我要說牛頓的空間概念不怎麼可以算是直觀的嗎?「可以算是直觀的」又是什麼意思?是指牛頓的時間概念也不完全是純直觀的嗎?何謂直觀?直觀的就一定是對的嗎?反過來說,

違反直觀的就一定是不對的嗎？

何謂直觀？思維可分為形象思維和抽象思維，物理中的所謂直觀，應屬形象思維，是直接的，例如有「形」可「觀」的「事物」。然而，單純的直觀沒有精確內容。本文中我們談的主要是物理概念的直觀性。物理學中如時間和空間等的一些概念，聽來都只是純直觀的，日常生活中的概念，在個別物理理論中卻被賦予了額外的精確數學內容，這些精確內容作為物理概念的直觀性以及正確性必須被小心檢視。數學哲學中的直觀主義者認為數學活動是直觀的，那是指（抽象）數學推理的正確性判定，與我們談物理概念無關；事實上他們倒是認為數學的正確性，基本上是全然獨立於任何物理事物的。

大家都知道有時間、有空間，都覺得大概知道時間空間是什麼；重點就在「覺得」與「大概」二詞。直觀像一種感覺，它是大概的、含糊的，而不是清晰精確的；感覺因人而異，「直」不「直」要看是誰在「觀」。對一個數學家或一個物理學家而言屬於直觀的東西，對一般人來說不見得直觀。這超出一般的直觀能力和感覺，是可以訓練而獲得。因此，我們可以說直觀有一般自然並接近於常識的，以及從訓練而來的兩種。顯然，前者才是我們在討論一個物理概念的合理性時，值得參考的自然的直觀；而後者的獲得，是學有所成，

增長了我們對某些抽象理論的領會，卻往往成為我們尋找及認識新理論的障礙，一個我們必須跳出的框框。當然，常識本身也有由特定文化的「訓練而來」的偏見；現代科學主要來自西方，許多西方文化傳統的偏見，也滲透其中。

如果僅憑簡單自然直觀可以深入認識宇宙萬物，我們就不需要抽象思維，不需要語言。抽象思維就是符號思維，語言即是一種用於思考與溝通的符號系統；數學作為精確的符號系統，是理論科學的語言。自然直觀基本上錯不到哪裡去，正因為它是含糊而不直接連接到任何抽象思維的，並因此可以跟各種抽象內容相容。包含特定抽象內容的概念，則最多只能屬於訓練而來的直觀。

我在上面講了那麼多有關「直觀」的討論，目的在指出大多數物理學者以為牛頓力學的好些概念是自然直觀的，卻忘了它有著一些特定的抽象理論／數學內容。我們的數理訓練也許讓我們覺得這些抽象數學內容非常的直觀，然而它卻只是牛頓物理的偏見，或是往昔的思維局限。這偏見早已成為近一個世紀以來我們理解量子物理的一大障礙，遑論量子時空。源自西方數學與科學傳統的牛頓力學時空觀，包含抽象幾何的內容。幾何本來就是研究空間性質的數學。在牛頓的時代，人們只知道歐幾里德幾何；牛頓認定物理空間為一個三維的歐幾里德幾何結構，並以它為一個背景舞臺——物體

在這空間中運動，而空間完全不受影響。所有這些都應當接受挑戰，空間的幾何性質以及它在運動中，在物理中的角色，必須通過實驗來回答。從這個角度來說，愛因斯坦的相對論已經為後牛頓的古典物理引進了好些修正，在解釋無數微觀尺度實驗結果非常成功的量子物理，則埋下了尚未得到妥善全面回應的巨大挑戰。

質「點」是主角

牛頓認為空間乃物理實體，但這空間只是個靜態背景，不參與運動，不具有任何力學性質。牛頓物理真正重要的物理實體是所謂粒子，更正確地說是質點，除了空間以外，所有的物體都是由質點組成的。牛頓粒子是質點，就是有質量的點；作為一個幾何上的點，它卻是沒有大小的，更準確地說，它是無窮小的。

我常常跟人們說，為什麼以質點為力學的唯一基本物理實體，是牛頓的智慧所在，也是一個要理解牛頓力學的理論架構以及它的局限的關鍵問題。講質點並不自然，我們描述的運動是有大小的物體，從來沒有人見過一個無窮小的物體，也沒有實驗以它為對象。我們根本沒有任何經驗理由相信物理世界中存在無窮小的物體！且又為何要是一個點？簡單地說，

點是歐幾里德幾何的基本數學元素，因此它是牛頓的年代要給出空間位置的數學描述所需的；一個點對應一個最基本的位置，一個有大小的物體在空間中占據無數這樣的基本位置，此物體的位置反變得不好描述。抽象的數學思考把直觀概念具體化、量化，從而精確化，然而，這也限制了物理的思考。人們可以說，同是物理實體，空間既然是無窮小的點組成的，相信無窮小而有物理性質的質點組成物質，不也挺自然的嗎？

首先，這其實是在理論中把數學結構硬套到物理世界，而背離了科學精神。進一步說，這是相當徹底地相信真理必能以數學描述的結果，從希臘而來的「萬物皆數」觀念，亦是貫穿整個理論物理的信念，這甚至跟牛頓那個年代學者們的宗教信仰有關。比如說，基督文化中確實有這麼一個信念，上帝既然讓我們能想到無窮小與無窮大這樣的東西，它們就必然在祂所創造的世界中存在。然而，即使我們該完全信任數學，那年代的數學家們對數學空間的認識就不會有錯漏嗎？歷史證明那時候的幾何思考太狹隘了。

牛頓力學對實數性質的依賴不僅於空間的歐幾里德幾何，他發明的微分和積分正是處理他的力學問題所需。運動有快慢之別，牛頓以實數量化的時間為本，通過微分定義瞬間速度與加速度，才能完成他對運動的描述。沒有積分他則無從統合無數無窮小的質點的運動以描述一個有大小的物體的運

動，那他的力學理論事實上便無用武之地。然而，誰又能保證時間能以實數量化？一個實數表示的時間點真的對應我們所謂一個時間嗎？對於那些腦袋不曾給數學的實數連續性思考所「侵占」的人們而言，這實數時間算什麼直觀？說到底，牛頓時間的數學，不過也就是個一維的歐幾里德幾何吧。

雖然現代社會的人們或多或少都知道有關實數的一些概念，實數的整體，尤其是裡面所有無理數，連在數學上也沒那麼容易明確定義，持不同哲學觀點的數學家對這有效定義還有爭論。我們都對小數感到熟悉，但隨便一個小數點後有無限多個數字而不能被寫為一個分數的無理數，其實不是一般人能直觀認識的吧；任兩個實數點之間還有無限多個實數點，這句話也並非容易理解。時空是實數點的排列、所有的物理量皆有實數值，這是如何的自然直觀呢？

再進一步說，如果沒有無窮小的質點，我們將無從通過任何物理程序來探究空間的歐幾里德幾何結構。如此，這幾何結構就永遠只是我們的一個想法而已。牛頓力學在應用上的成效，顯示了它的時空觀至少是一個很好的近似描述，它在原子尺度的挫敗，卻理當促使我們重新思考，在微觀尺度真正有效的時空幾何模型。

另一方面來看，牛頓物理的邏輯並不見得必須以空間為實體，絕不變動也不作用於別的物理實體的東西畢竟不太像

個實體。牛頓的想法沒有被普遍接受，應不足為奇。從亞里斯多德以降的傳統裡都沒有把時間或空間看作一個實體。洛克（J. Locke, 1632-1704）認為空間僅是現實的東西的規定，而萊布尼茨（G. Leibniz, 1646-1716）倒認為它是現實的東西的關係。笛卡爾（R. Descartes, 1596-1650）以及波動理論大師惠更斯皆極力批駁牛頓的想法。

哲學家康德（I. Kant, 1724-1804）花了 12 年探討從萊布尼茨到牛頓的觀點，最後的結論卻說空間是先驗知識，是人加到經驗或直觀對象上去的形式，而且是直觀對象之所以能成立的前提邏輯條件。康德認識論的所謂「先驗知識」，亦即「絕對獨立於一切經驗的知識」。他認為，空間與時間是有別於「經驗直觀」的「純粹直觀」；康德說：「空間與時間兩者是一切感性直觀的純形式，正是它們使得先天綜合命題成為可能。」只有把感覺（質料）和形式（空間與時間）兩者結合起來，才能有感性知識。既然對時空的「認識」本身與經驗無關，也無需通過任何感覺，它就應該不能算是科學的內容；我們是先有這「認識」才能用經驗去獲得其他知識，這「認識」本身是自然不可能被否定的。康德也認為純數學是先天綜合判斷，而物理空間有歐幾里德幾何的性質，也同樣被看作是無需驗證的必然，可以說我們不可能不這樣認定。

牛頓獨排眾議，認定「空間是物理實體」，在今天來看，

倒是他的睿智所在。以下我們將看到，廣義相對論和量子場論成功地確認了時空作為物理實體的角色，它甚至應該說是唯一的物理實體。

還須一提的是，牛頓的時間是絕對的，也就是說時間的流逝跟一切物理過程、空間位置以及參照座標無關。愛因斯坦的狹義相對論破除了絕對時間的觀點。實驗證明，時間確實與量測的參照座標有關，一個物理過程所需的時間，其值隨著參照座標的改換而變更。說到底，無論人們身在何處及正在做什麼，時間皆以同一的速率流逝，這個觀點不見得真的符合一般人的純直觀感覺吧。

彎曲的時空與場

康德確實是他那時代西方學術的集大成者，曾幾何時，所有的人類知識好像都可以放在他的完整架構下。可是康德之後，數學家卻發現了非歐幾里德幾何。非歐幾里德幾何依舊是有實數座標的，但它可以是彎曲的，它的整體不一定能以單一實數座標系來覆蓋。球體的表面就是彎曲空間最好的例子，此表面本身就是一個可以自己獨立存在、並且可以直接而不需要作為整個球、以及整個包含那球在內的物理空間的一部分來被描述的數學空間。這種彎曲的空間，屬於非歐

幾里德幾何。

空間的曲率甚至可以是處處不同的，歐幾里德幾何只是曲率處處皆為零的特例。既然曲率為零只是所有可能的幾何中的一個特例，我們可以合理地質疑，我們憑什麼認定物理時空不具有不為零的曲率？非歐幾里德幾何的先驅鮑耶（J. Bolyai, 1802-1860），以及它完整理論的奠基者黎曼，就已經有這種質疑；史瓦西甚至早在 1900 年就去測量物理空間的曲率。然而，如果物理時空是彎曲的，這曲率的物理意義又是什麼？由什麼決定？愛因斯坦的廣義相對論給了我們完整的答案——物質在其中的分布決定了時空如何彎曲，時空的曲率就是重力場的一個表現，它引導物質如何運動。

回到物理的發展，馬克斯威爾整合的電磁場理論提出了光作為電磁波的特性，它的傳播速度是有限的。這理論無法跟牛頓力學以及怎樣都量不出光在不同運動座標的傳播速度之差的實驗結果和平共存。愛因斯坦發現了問題的癥結所在：牛頓絕對時間的認定是不對的。容許在不同參照座標裡時間有不同的值，我們就能夠讓質點力學和電磁場論共存。

在這裡，光速變成了時間與空間值的關係，愛因斯坦狹義相對論可以說是把時間囊括到空間裡，這個四維的數學空間是偽歐幾里德的，曲率仍為零，時間只是我們這個四維物理時空實數座標值的其中一個；由此，三維物理空間與時間

在整個時空中的定位，隨座標選取而變更。這裡考慮的有效座標系仍是牛頓的慣性座標系，惟座標變換的數學與牛頓理論有別，且必須把時間座標包含進去。

　　慣性座標系之間是沒有相對加速度的，但是在兩組有單一相對加速度的座標系中，如何判定哪一組才是慣性座標系呢？如果我們沒有加速度的絕對參考標準，就不得不考慮有加速度的參照座標系，那就是廣義相對論。牛頓力學中，物體有加速度表示其有受力，若是座標變換會更改其加速度，其受力狀況的描述亦務必隨之而變。愛因斯坦看到這力就是重力，從而物體在不同參照座標看到不同的重力，表示重力就是時空結構性質的一個表現；重力的源做成時空的彎曲，物體在時空中只是順著其彎曲結構運動。數學家以度規（metric）描述幾何結構，它告訴我們在對應參照座標中如何判斷距離；若度規在不同的點值恆定不變，就是（偽）歐幾里德幾何，曲率則由度規的梯度所決定。因此，時空幾何的度規正是愛因斯坦的重力場。

　　因此，重力場的動力學也就是時空幾何的動力學。就如同電荷是電磁場的源，重力場也有它的源：物體質量是重力場的源，但重力場也是它本身的源。事實上所有的場均帶有能量及動量，更精確的說一個場就是時空中一個具有特定性質的能量及動量密度的分布，後者總是重力場的源，所以重

力才是萬有的。

　　作為時空度規的重力場永遠不可能為零，所以我們可以說不存在沒有重力場的時空。狹義相對論的閔可夫斯基度規可以說是最簡單的度規，它即對應沒有重力。事實上在古典場論中，力來自場的梯度，任何恆量的場皆沒有梯度，任何恆量的重力場皆看不到重力效應。時空的曲率，簡單地說，也就是由其度規梯度所決定的；閔可夫斯基度規的梯度以至曲率處處為零。

　　時空處處有度規，它就是描述時空幾何結構的重力場，那不就應該說重力場就是（有幾何結構的）時空，時空就是重力場嗎？如此說來，時空幾何有其動力學，表示我們同時修正了牛頓時空觀的另一個重要內容，時空不是靜態的背景，這個舞臺跟它的演員—— 物質是有互動的。一個有著能量及動量的場固然是個物理實體，由此，時空作為物理實體，遂被確立下來。

有場論便毋需質點

　　讓我們認真檢視我們的兩種物理實體——作為一般物質的質點和重力場／時空。作為一個古典場論，廣義相對論中的重力場跟物質其實應該說是一體兩面的。古典重力物理的研

究中，更多的是研究一個重力場本身，而一個黑洞的重力場，難道不是一種物質嗎？難道不能說它是一個物體嗎？黑洞卻不能說是由質點組成的？然而在極遠處看，一個黑洞卻像是個質點；或是說一個很小的黑洞，看來滿像個質點。

反過來說，一個質點必在一個時空中，它自己就是重力場的源，我們可以說此質點在它周圍的空間做成了一個重力場，它是這個重力場中的一個奇異點，在那（時空）點上這場的值以及能量的密度均達到無限大。黑洞的中心也有個奇異點，事實上一個黑洞在其視界外的重力場，跟一個質點外的重力場完全沒有兩樣。質點不過就像是個沒有視界的「黑洞」，一個有奇異點為中心的球對稱的重力場。廣義相對論可以說是告訴我們，所有物體都只是一個能量動量在時空上的分布，基本上是個重力場，有些分布會有奇異點，一個奇異點可能為視界所包覆，可能沒有。

上面的討論，讓我們獲得這樣的新觀點──場論，尤其是重力場論，其實已包含任何物體的可能性在內；所有物理實體都是個重力場／時空（的一個區域），不同的只是這重力場有沒有奇異點等性質。更進一步說，還需要看這時空上有沒有能量動量及重力作用以外的性質，比方說它是否有電荷，抑或有電磁相互作用。而且儘管黑洞的存在，是如恆星坍塌之類的物理所預言且有一定觀察證據的，質點的狀況卻全然不

同。有了場論能量動量密度分布的概念，質點作為描述物體基本（空間）結構的角色已被取代，物體的質心點位置可從分布得出；實驗上，最多也只能有我們還量不出大小的物體。質量應被看作能量動量的一個描述，這是狹義相對論中已有的那最知名的公式 $E = mc^2$ ——質量是能量存在的一種型態，物體的能量除掉動量的能（動能）剩下的部分。假若不存在無窮小質點，我們固然無從實驗去量測時空那無窮小的基本點結構，後者就變成空中樓閣；然而就是真有質點，要精確地看其結構，還是要無窮的精確度，所以實際上也並不可行。

應該補充的是，若時空上有電荷或電磁場時，我們確實需要把它們看作不同的物體。儘管作為整體的時空僅有一個——我們的宇宙，其不同的區域可以對應不同的物體，如沒有電荷也不跟電荷有相互作用的，沒有電荷卻跟電荷有相互作用的（電磁場），及有電荷的；甚至於還必須區分其電荷與質量的不同比率。這裡我們是從邏輯角度來辯說，有場論其實便再毋需質點作為不同於場的所謂物質；不論電磁場或重力場，也應該被看作一種物質，像有電荷的電子，不管有沒有大小也完全可以用一個電子場（或說帶有電荷的重力場）來描述。當然古典物理並沒有這樣做，到物理真正能研究微觀世界，才發現不得不如此。

至原子尺度以降，古典物理已為量子物理所取代，到量

子場論,更給予時空另一個新面貌,其間質點概念的有效性,也同時受到更大的衝突。廣義相對論的時空觀作為對牛頓時空觀的修正,其改變於時空的幾何結構方面,在今天的物理與數學來看其實還算是小的;在物理方面,它遠不足以讓我們理解量子世界。不論曲率為何,這非歐幾里德幾何仍然是以實數為其基本結構的,數學上它仍然是點的連續統。這是古典物理的幾何,我們可稱之為古典幾何;量子物理大抵需要一種量子幾何。從數學上來看,隨著上世紀代數幾何的發展,數學家已發現了不以實數為本的幾何,也就是不古典的幾何,即所謂非交換幾何。要看看兩者可能的關係,我們得先談談量子物理。

量子物理像要改變一切

經歷了幾乎整整一個世紀的努力後,今天物理學界裡再沒有幾個人懷疑量子力學的正確性,或相信量子力學描述的一些「怪」象應該要有某種古典物理的解釋。然而,我們還把這些量子現象稱之為怪,正因為我們還沒有訓練出一點對它的直觀,事實上我們當中的大多數人還把這些量子現象看作違反自然直觀、甚至違反常理。

教科書中的量子力學確實是一個血統非常不純的怪物,

它基本上是濫用牛頓古典物理的語言以及牛頓的時空觀，來描述一個量子世界，缺乏一個完整而真正跟它匹配的量子時空觀讓它怪得難以理解，彷彿不可理喻。一個典型的狀況如下：我們被告知，一個量子系統只有當它是在其所謂位置算符一個本徵態時，它才有座標具備實數值的一個位置，一般不是在本徵態的就不具有這種單一的位置，而是在各個不同本徵值代表的「位置」上有個分布概率。

我們對此做位置的量測，會按照分布概率每次得到不同的本徵值作為那一次的答案，對那本徵態的量測才會百分之百得到那本徵值作為唯一答案。波爾為首的哥本哈根學派說得很清楚，一個測量所得的本徵值的確定，是測量過程本身所做成的，測量使那量子態跟測量儀器產生相互作用，強迫原來的量子態按照那分布概率變成一個對應的本徵態。有關所有這些，引發了許許多多的論爭，甚至有「沒有人看的時候月亮在不在」般的問題──如此這般的量子物理，怎麼不怪！怎能不違反直觀！

哥本哈根學派只為我們提供測量答案的描述，卻沒有給我們一個測量的理論，更沒有講清楚測量過程的物理。波爾倒是一再強調，我們的測量過程是在要求量子態對它的一些像位置這樣的屬性給予一個古典答案。在這一點上，我認為波爾的觀點是非常深刻的。我們只要想一想位置這樣的物理

屬性，不一定能有古典的、以單一實數代表的答案，它沒有合理的古典答案，也許恰恰正告訴我們古典物理在這方面的想法不符合微觀世界的物理現實；那不就是說我們需要超越古典物理思考的量子觀點，超越古典的量子概念，以至一個幾何上不以實數為本的量子時空觀嗎？

我們講的測量，至少是我們習慣想到的測量過程，也就如波爾他們所強調，要求一個像古典物理假定的實數答案作為儀器的讀數。然而說到底，測量應只是我們利用一些我們熟識並能操控的物體（我們的儀器），跟我們要量的物體發生相互作用，來獲取有關該物體的一些資訊的實驗程序而已。所以波爾他們談的測量，可稱為古典測量，只能給我們以實數為本的古典資訊。假若我們要的是量子資訊，應可以執行一種量子測量程序，獲取不對應實數的另一種答案。只是我們過去的實驗都在做古典測量，並且還不大懂得如何運用量子資訊罷了。

讓我們再詳細檢視，用古典概念與實數值來描述微觀世界還有多怪。我們可以設想一個典型的所謂「基本粒子」——電子。電子的古典圖像，是個帶電荷的質點，它有固定的質量和電荷，並且有對應它的各個不同的（古典）態的實數值的能量、動量和位置。作為電磁場和重力場的源，電子所處時空中一定距離外的電磁場和重力場，其實跟它是否為一個

質點沒有關係，只決定於那範圍內能量、動量和電荷的總量。

如上所述，在古典場論中電子毋需是個質點，也許是個帶有電荷分布的重力場；而且那分布有沒有重力場以及電磁場的奇異點，我們必須在它的中心點旁邊量才能判斷。然而，看它中心點的旁邊表示要看微觀尺度，也就會看到它的量子特性。在量子力學的描述中，電子的（量子）態如果不剛好是個位置的本徵態，根本沒有一個古典幾何中的特定位置可言，只能是個概率分布。

更有趣的是，如果它是個位置的本徵態，就不可能有特定動量，只能有動量的概率分布。再者，不要說是位置的本徵態，只要一個量子態位置的概率分布在某瞬間只在一個有限的空間範圍不為零，相對論量子力學告訴我們下一瞬間它必然在遠處也為零；這意味著物理資訊會以高於光速傳遞，有違相對論。這裡的結論是，相對論量子力學根本不容許一個對應只存在於有限空間範圍的位置概率分布的態，哪還有什麼「質點」可言？

實驗不僅一再證實了量子力學是遠比古典物理優勝的微觀世界理論圖像，而且還要求我們以量子場論取代做更精確而完整的描述。一個很好的例子正是在測量電子有多小這件事上。我們可以對著電子的中心射去光，並從其散射去「看」那電子。要能看小尺度，這光的波長必須更短。當我們以波

長短於一定值的光射向那電子，卻看到多於一個電荷中心點和更多的質量，這光的能量轉化成正負電子對了；並且這現象跟物理過程的具體內容以及那「粒子」是否有大小皆沒有關係。此實驗結果告訴我們，所謂「粒子」都可以從能量轉化而來（記得 $E = mc^2$ 嗎？）；能量本身從來不會被視為物體，物體的能量在不同的座標系會看到不同的值，而且這值能隨時間改變，它描述這物體不同的態。既然被看作質點的任何「粒子」皆會這樣被產生（或湮滅），這「粒子」數及總質量不就像能量一般比較像物體的態的描述，而不是物體本身嗎？唯有量子場論能描述這種「粒子」數能改變的狀況，而在量子場論中只有各種各樣的量子場；光是量子電磁場（或稱光子場），電子是量子電子場，不同數量的正負電子的分布，只是量子電子場不同的態而已，跟不同數量的所謂光子也都是量子電磁場不同的態並無二致。

量子場論是我們研究現今最小尺度的物理唯一的理論工具，它已被實驗證明極為成功；很好的例子是一個叫 μ 介子的「基本粒子」的磁矩能達十億分之一精確度的描述。所謂「基本粒子」，其實應該說是個量子場或那量子場一個特定的態，磁矩是它的一個電磁特性。這種態是高能物理實驗一般能量的態，它像個牛頓粒子，皆因高能物理實驗一般僅在看不清量子特性的經典極限做量測。沿用「基本粒子物理」

的名稱至少理論上是全然不符的，因高能物理的理論中只有
各種有著不同基本特性的量子場，而且作為能成功描述我們
這個宇宙時空中的實驗的量子場論，不同的量子場實不能被
視為不同的物體；惟有時空本身能被看作物理實體，不同的
量子場皆比較像古典粒子的位置和動量，僅為用以描述這物
理實體不同的態的「變數」或自由度而已。要理解此說何來，
不得不認真檢視量子場論的結構。

「氣一元論」──時空就是一切

　　有別於古典場論，這宇宙時空中「存在」的所有量子場，
可以說皆處處永遠不為零；這不為零卻跟古典重力場度規的
不可為零的狀況不一樣。首先，每一個量子物理的可觀察量
都由一個算符描述；一個量子態帶有的這物理量的實數值，
對應算符在那態上的期望值。這種期望值其實是個多次量測
的平均值，每一次量的時候均會遵循前面說到的分布概率得
到算符的一個本徵值。有標量場有不零的期望值是容許的；
事實上現今高能物理的標準模型正有此特性。

　　不單如此，根據測不準原理，能量在短時間內不必守恆，
只要長時間中的平均值守恆即可；能量的值在時空中有漲落，
動量的情況也基本上相同的。沒有微觀尺度上嚴格的守恆量，

所有量子場皆有漲落，可以說都是永遠變動不定的，即使其期望值／平均值為零亦如此。量子場都以算符描述，對應的態是有那量子場的時空態；但好些量子場如電子場根本不是可觀察量，至少要用它的幅度平方才能得一可觀察量。我們甚至不大知道如何描述這些算符的本徵值或本徵態，一般來說，我們只看如能量或電荷之類的可觀察量以及量子場所對應的古典粒子數，而且基本上是在非微觀尺度量測。

每一個量子場能量的期望值也基本上皆不為零（事實上一般的計算，答案常常都是無限大），在能量最低的基態也不為零，而且那只是期望值，更不要說還有漲落。重要的是，這一切有可測量的實驗結果，比如說對應古典粒子產生和湮滅及有關的能量動量變換，量子場論這種「奇怪」的描述被證實並提出正確答案；這裡先要靠所謂重整化程序把相對於基態量的無限大的值移除。

前面提到的 μ 介子（場）那達十億分之一精確度的磁矩就是這樣計算出來的；雖然它只描述 μ 介子跟電磁場的相互作用，我們亦只需把 μ 介子放進電磁場便可量出其值，但它們所在的時空中的各個量子場，如多個不同夸克場、膠子場、電子場、光子場、W、Z 等弱電玻色子的場的真空漲落效應全都貢獻在內。如此種種，我們必須接受不管我們有沒有看到其對應古典粒子，每一在我們的宇宙中存在的量子場，皆無

時無處不在，而不必直接對應任何可觀察量，這些量子場的總體就是時空，個別的量子場不能被看作是物理實體，它們不能在任何時空區域獨立於總體而存在。

量子場論中的物理態，皆從個別以及多個量子場算符作用在真空態而得；這真空態一般沒有實質描述，它的物理內容被理解為對應古典物理的「真空」，也就是空無一物的時空，只是它的微觀性質比古典物理想像的要複雜很多。由此可見，量子場論中的物理態，皆為時空的一種激發態，而我們只有一個時空，就是我們的宇宙，雖然我們一般只在描述它的一個小區域。因此，我們認為個別量子場（算符），皆為描述我們這宇宙作為唯一的物理實體不同的態所需的一些「參數」，我們這宇宙時空的自由度，跟空間座標於描述一個古典物理的粒子中的角色沒有什麼兩樣。

量子場論的「世界觀」，跟西方文化從古希臘以降「原子世界觀」的主流非常不同，其所描述的宇宙萬物是一個整體，而不是由個別獨立且不能分割的基本粒子——「原子」堆疊而成，這宇宙時空變動不定，其間可以說就是帶著各種如電荷之類的守恆量的能量在流竄，它在某時某地的「凝聚」就給出一般意義的物質。這樣的「世界觀」卻是與傳統東方哲學不謀而合，比方說就類似於宋儒的「氣一元論」的哲學理念。在量子場論以前的物理中，時空是物理實體以外的東

西，物理實體存在於時空中；量子場論說不管有沒有這些東西在其中的時空（區域），皆只是時空本身的一個（形）態，物理科學要描述的就是這個時空，並只有這個時空。

微觀的世界——量子時空

儘管量子場論訴說了如此一個新的時空觀，它仍然是一個把建構於古典時空上的古典場論量子化而得的理論，就像一般的量子力學一樣，它沒有真正處理時空的量子或微觀基本結構。「量化」的程序，除了全然抽象的「代數量化」外，都不可能在任何意義上把時空量化。事實上，量子場論的成功未能包括重力的描述。把廣義相對論作為一個古典場論量化，也只能得到一個古典時空上的量子重力場論，卻不能得出量子時空，而且這好像有違於廣義相對論的精神。量子化程序看來沒法達到一個完全所謂「獨立於背景」，也就是不先假定有某種古典時空結構在後面的量子時空／重力理論；如弦論或別的基本上具有古典理論為背景的做法莫不如此。這些理論一般甚至因為重整化的問題，而無法像重力以外的量子場論般擺脫無限大的困擾，弦論本身倒沒有這問題。

前面我們單從量子力學已經談到應有有別於古典時空的量子時空結構，量子重力所對應的時空更應是量子時空。事

實上量子力學的測不準原理加上簡單的（古典）重力考量，就難免得出小於普朗克尺度以下的時空（距離）大小不可能有實質的物理意義，同樣意指實數點組成的古典時空在一定微觀尺度以下必須被放棄。說到底，實數也只是一種抽象數學符號，一種代數。

抽象數學符號有諸多不同的代數系統，我們實在沒有任何理由認定物理時空必應有對應實數而不是其他的代數系統的數學結構。數學符號系統本有代數和幾何兩類；幾何源於空間概念，是形象思維的輔助工具，代數則是抽象邏輯推理以及計算的工具。物理上，幾何用於描述（類）時空的結構，代數則用於描述廣義的物理量。更具體的是量子力學的可觀察量組成一個非交換代數，雖然所有古典物理的可觀察量都是交換代數，因而總是能有實數值。

最近半個多世紀的代數幾何學的發展，卻已經把數學的兩種系統統一了起來。代數幾何學可以用代數系統的特定結構來描述每一個如點與線等的純幾何概念，每一個古典幾何系統從而能對應一個代數系統，並且所有這些都是個交換代數。從幾何出發建構代數，完全就像在物理上用實數座標以及其函數之類的交換代數，來描述時空或空間裡的物體或現象。代數幾何等於告訴物理學家描述一個時空裡的物體或現象，跟描述那時空，基本上是同一件事情；這正符合量子場論背

後的觀念內容。然而,從一個非交換代數出發來看其對應的幾何,得出的新幾何並非過去本於實數的古典幾何,這就是所謂非交換幾何。所以,幾何確實不必對應實數結構,我們的宇宙時空看來比較像是非交換的量子時空,只是它的非交換性質一般要在微觀尺度才有明顯的效應。這量子時空對應一個非交換代數,那就是它裡面所有的物理量,它們一般也沒有實數值。在一定的條件下,那些非交換性質可以被忽略,得出古典物理的近似描述。

上面以量子時空有非交換幾何的結構這說法雖然比一般的基本物理研究顯得激進,卻跟所謂正則量子重力或圈量子重力的最新發展有大致相同的理念,只是我們的討論更直接更徹底。另一方面來看,這倒是十分保守地堅持著純直觀的時空作為含糊的概念在微觀尺度仍有它相應的物理描述,並堅持著數學在描述物理世界的一般角色,只要求物理學家們重新審視時空,以及各基本物理概念能有的符合所有實驗結果的抽象內容而已。

我們沒必要放棄物體總是有單一位置和物理量有單一值那樣的直觀描述,只要學會如何去描述那非實數的值和非交換幾何的位置,那才是量子背後應有的時空幾何圖像。

我們進一步認為,正如曲率就是古典重力場,那非交換的狀況就是量子時空的動力學。從而量子時空的動力學將包

含一些特定條件下的眾多非交換代數。當然要找出這樣的一個理論絕不容易，它大概還需要一些突破性的思考。

這樣一個氣一元論的量子時空觀，至少能看到量子位置之怪可能只是我們的少見多怪，它不見得根本上與自然直觀不相容，只是與西方文化傳統的機械／原子世界觀以及實數的性質不同。待我們找到適合它的概念理論語言時，就能「見怪不怪」，微觀世界的物理就會變得好懂了。

不斷發展的時空觀

綜上所述，作為我們描述物理世界的基本概念，時空在物理學的理論架構裡，從背景變成主角以至一切。牛頓物理的時空觀以及其歐幾里德幾何結構的認定，已深深滲透到我們的文化中，甚至很大程度上被誤認為是自然直觀的。然而，基礎物理的研究卻是不斷有意無意地改變著我們對時空的認識，往往連參與其中的好些物理學家也不見得能及時擺脫舊有觀念的束縛，以清楚理解並改進時空的觀念內容。本文談到的量子時空觀，是量子物理和代數幾何所啟示我們的、時空觀沿著牛頓到愛因斯坦發展的下一階段。

物理與數學的理論觀念內容都是抽象的，卻不大會與自然直觀不符，而且可以通過熟識培養成直觀的，可是又可能

變成進步的障礙。空間由沒有大小的點組成，可以用實數來精確描述，只是一套理論觀點；宇宙萬物為一，變動幻化不定，亦是一套觀點。科學要問的是，哪套觀點及完整理論能更好更精確地描述各種現象？而這更好更精確看似並無止境。

　　物理與數學的觀念都是不斷在發展中的，大多數老師及教科書在講授一套如牛頓力學般的理論時，卻不會讓人們注意理論中各概念內容的假設性及其觀念的局限性。牛頓的質點作為我們在物理理論中學習到的第一個基本物理概念，以及其背後的「原子」世界觀與時空觀，在更進一步的物理理論中可能不再有效，我們的物理教育卻還完全沒有為人們做好批判這些理論觀念的準備。這是我們必須深思的。

6

時間、廣義相對論及量子重力

余海禮、許祖斌

牛頓、蘋果與月亮

1976 年蘋果電腦公司使用了一幅牛頓坐在蘋果樹下的圖畫，這是「被咬了一口的彩虹蘋果」被採用前的最原始商標。雖然牛頓被一顆蘋果砸到頭而造就了萬有引力理論發現的那一「尤里卡時刻」（Eureka moment）確實是一個虛構的故事，但掉落的蘋果成為牛頓靈感之一卻是有根據的。伏爾泰（Voltaire, 1694-1778）——這位有名的法國作家、歷史學家兼哲學家，在 1727 年的《論內戰》中寫道：「艾薩克·牛頓爵士由於在花園散步時看到一顆蘋果從樹上掉落，從而有了萬有引力系統的初想。」他曾經諷刺地說過：「會思考的人極為少數，而且他們對打擾這世界也不感興趣。」這位因機鋒並兼備像剃刀般敏銳的心思而廣為人知的伏爾泰，著迷於牛頓對這世界理性的觀點；他曾參加過牛頓的喪禮，也許曾從牛頓的姪女那裡聽聞蘋果的故事。

威廉·史塔克雷（William Stukeley, 1687-1765）是牛頓的朋友也是他傳記的作者，曾寫道：「晚餐後，溫暖的天氣裡，我們走進花園，並在蘋果樹蔭下喝茶，只有他和我在交談，他告訴我他正處在萬有引力的想法在心裡浮現的情境中。為何蘋果總是筆直地落到地面？當時他帶著冥想的心境坐著思索『一顆蘋果的掉落』：為何它（蘋果）不能是往旁邊走或是往上，

而是一直往地面中央掉落？一定是地球吸引著它……」

約翰・康杜特（John Conduitt, 1688-1737）——牛頓的助理也是他的姪女婿，也曾告知他類似的故事。他描述到，由於發生在英格蘭的瘟疫迫使劍橋大學關閉，而讓 23 歲的艾薩克・牛頓在 1666 年回到他母親在林肯郡的家。在康杜特的說明中寫道：「當他正在花園裡沉思時，靈機一動地想到重力的強度（這使一顆蘋果從樹上掉落到地面）並不必限於地球的特定距離內，而必須延伸到比我們經常所想的更遠的宇宙——他對自己說著，為何不能是距離月亮那麼的遠呢？若是如此，那這必然影響到月亮的運動而且或許能維持月亮在它的軌道上……他重新開始他的計算然後發現這構想能完美地符合他的理論。」如果這些人不是在大量美化他們的故事，那麼「掉落的蘋果」的故事倒是個真的故事，即便它並沒有真的打到牛頓的頭。

從科學以及人類思維的進步情況來看，更具意義和浪漫的觀念應該要包括月亮才能完滿。這就是從牛頓、蘋果和月亮中誕生的萬有引力定律所揭櫫的重大意義。在萬有引力的思想裡頭，牛頓宣稱力的大小變化和兩個互相吸引的物體質量的乘積成正比但和它們的距離平方成反比（$F = G\frac{m_1 m_2}{d^2}$），而第二運動定律則主張一個物體之加速度與其所受之總作用力成正比（$F = ma$）。所以如果蘋果由靜止開始，以每秒 16 英尺掉落

$x(t) = \frac{1}{2}at^2$，一秒鐘後蘋果離開地面的距離為 $x_A(1s) = \frac{1}{2}a_A(1s)^2$，即是 $x_A(1s) \propto a_A$。因此得到 $x_A(1s) \propto F_A \propto \frac{1}{d_A^2}$，即蘋果受到地球拖曳的力是平方反比於蘋果和地球中心的距離 d_A。如果在距離地球 $d_M \approx 60d_A$ 處的軌道運行的月亮也往地球中心掉落的話，那將會是 $x_M(1s) \approx 0.0045$ 英尺，那麼 $\frac{16}{0.0045} = \frac{x_A(1s)}{x_M(1s)} = \frac{d_M^2}{d_A^2} = \frac{60^2}{1^2}$；這數字「非常接近」牛頓所說的關於月亮與接近地表的物體的運動，但這看來簡單的結果卻帶出了相當深刻的含義——即支配著蘋果的定律（運動和萬有引力）也同樣地支配著月亮。牛頓的重力定律因此被稱為「普遍性」的萬有引力定律。這是被人類所發現的第一個精確量化的定律，從地球到天堂它都支配著所有的有形物體的運動！宇宙的運作變得可以被理解，如同接下來幾年所被證實的，行星和天體皆依循著牛頓運動定律和牛頓萬有引力定律像鐘錶般規律地移動。在物理概念中，力可被理解為位能的梯度。一個質點所受的力如果為距離平方倒數的話，即意味著位能滿足泊松（Poisson）方程，這是一個含質量密度源的二次空間微分方程。由於 1905 年發展出的狹義相對論強調了時間與空間的同等地位，因此泊松方程最自然的推廣乃是將對時間二次的微分項包含進來，這便直接導出具質體源的波動方程，原來靜態的泊松方程僅是當質體移動速度相較於光速 c 慢很多的近似情況而已。但是愛因斯坦的 $E = mc^2$ 意味著重力源——質量——即是能量；更進一

步地說，能量只是光速乘 c 乘上 4- 動量後的第 0 個分量。這意思是說用泊松方程來表述的牛頓定律必須被視為僅是更詳盡的一組方程式的一個分量方程而已；然而完備的萬有引力定律，有著 10 個分量方程的愛因斯坦場方程式，可要等到牛頓做出人類重大躍進的兩個半世紀之後才出現。牛頓在 1666 年回去的出生地和家鄉從此變成一個朝聖地，特別是對於物理學家來說。現在可以從牛頓寢室窗外的花園，看到那棵據說是在當時庇蔭坐在底下的這位思潮正在萌芽之年輕科學家的蘋果樹。這棵特別的蘋果樹於 19 世紀初被風暴所損傷，一些枝幹被移除但樹的一部分卻被留下且重新扎根。仍存活在牛頓的出生地的這棵樹，現在想必已經超過 350 歲了。如今，在距離愛因斯坦於 1915 年第一次寫下他廣義相對論的方程式後又過了一世紀的今日，重力仍然保有它神祕的特殊魅力——要完全地理解重力，到今天依然是個要求完備一致的物理架構所難以克服之挑戰：我們能夠真正地了解宇宙直到微觀層級，追溯它的起源一路到達古典愛因斯坦理論明顯不足之處，直接進入量子力學領域嗎？關於電磁場定律的評論，愛因斯坦於 1923 年在哥德堡（Gothenburg）諾貝爾獎答謝演說的最後一段說：「一個有關基本電磁結構的理論和量子力學問題是不可分的這件事，是不可被忘記的。到目前為止，相對論對於至今最深刻的物理問題也被證實還不夠奏效。」詩人拜

倫（G. Byron, 1788-1824）曾寫道：「人因蘋果墮落，亦從蘋
果崛起。」

愛因斯坦和他的諾貝爾獎

　　愛因斯坦並未出席 1922 年的諾貝爾獎典禮，當時瑞典著
名的物理化學家斯凡特・阿瑞尼士（Svante Arrhenius, 1859-
1927）代為發表他的成就。諾貝爾獎委員會在前半段引文裡
隱晦地承認他對相對論的深刻見解：「由於他對理論物理的
幫助，特別是他發現光電效應定律……」這也算是一個「安
慰獎」。由於委員會認定在 1921 年的提名人選裡無人達到得
獎標準，根據規定，此獎項可以被保留到隔年，然後把這規
則套用於愛因斯坦身上；因此愛因斯坦晚一年於 1922 年才拿
到獎項。如此規則被用在上一個世紀最偉大的物理學家身上，
是眾多諾貝爾獎當中一個不公正的例子。「愛因斯坦必不能
得到諾貝爾獎，即便整個世界都要求他必須得到。」這位具
有影響力的物理委員會成員阿爾瓦・古爾斯傳如是宣稱，他
本身享有諾貝爾生理學獎殊榮，甚至瑞典郵票上都印有他的
圖像。他一直是位將愛因斯坦的理論看成一無是處的堅定信
徒；但即便是他，也無法阻止愛因斯坦拿到他的獎牌。

　　當英國天文物理學家亞瑟・愛丁頓爵士組織的考察隊到

西非和巴西，於 1919 年的日蝕中證實了星光受太陽曲率彎曲之後，愛因斯坦馬上成為世界最有名的科學家。「科學上的革命」、「牛頓的概念被推翻」、「空間被彎曲」、「新的宇宙理論」，這都是一些報紙的頭條。例如《德國週報》、《柏林畫報》（*Berliner Illustrierte Zeitung*），將愛因斯坦的研究及其對自然界的思想拿來與哥白尼、克卜勒和牛頓的思想做同等地位的比較。諾貝爾獎委員會卻拿愛因斯坦自認為「較次要的成就」來報償他。「由於距離瑞典太遠，愛因斯坦教授不克出席此典禮」為 1922 年 12 月 10 日的官方表述。愛因斯坦與他太太愛爾莎（Elsa）的確還未從遠東的漫長旅程中回到歐洲。

1922 年 11 月 2 日的日本郵輪北野丸號（Kitano Maru）載著一位有名的乘客抵達新加坡港口，當時 43 歲的愛因斯坦趁此中途停留向當地猶太社群，特別是那些有錢的成員，為在耶路撒冷的希伯來大學募款資助。在愛因斯坦拜訪新加坡的一星期後，他榮獲了諾貝爾物理獎。那是在日本郵輪北野丸號於 11 月 9 日抵達香港之後；隔天，經由從斯德哥爾摩那邊的無線電報傳來，愛因斯坦獲得諾貝爾獎的消息。那時他正在香港到上海航行的旅途中，愛因斯坦獲得諾貝爾獎的那一刻，他的位置距離臺灣海岸沒多遠。11 月 13 日上岸時，上海瑞典總領事遞給他官方通知，兩夫婦在中國由多位科學家和顯要

所招待，包括時任上海大學校長的于右任、著名畫家王一亭、前北大教授張君勱等人。

諾貝爾獎官方網站把他於 1923 年在哥德堡的演講正式列為「諾貝爾演講」。但愛因斯坦當時並沒心情去談光電效應。他所選的標題是「相對論的基本構想和問題」；或許是為了強調他的惱怒，標題附加了一腳註：「此演講並非於諾貝爾獎的場合發表，因此，無關於光電效應的發現」。演講最後一句話為「假若相對論方程的形式在未來某天由於量子問題的解決，無論經過多麼深刻的改變，即便我們用來表達基本物理過程的參數也都完全改變了，相對論原理也不會被摒棄，並且之前推導出的這些定律將至少會保有它們身為有限制性的定律的這層意義」。明顯地，愛因斯坦願意接受並指出「量子問題的解決」可能會改變他的廣義相對論。其中讓重力和量子力學之間存在很深的緊繃對立的就是「時間的問題」。目前在量子力學和廣義相對論裡，對時間的理解和時間演化的作用似乎並不一致，因此要嘗試建構結合這兩者的理論時便存在深刻而有待解決的爭議。

愛因斯坦掌握了牛頓物理裡面慣性質量（$F = ma$）中的 m 和重力質量（$F = G\frac{m_1 m_2}{d^2}$）中的 m 的等效性，作為解開重力祕密的鑰匙。所有物體無關質量差異均以同樣加速度 a 掉落（把上述的兩邊 F 等同起來以消去 m）。根據伽利略的學徒所寫的

傳記，這位著名的義大利科學家於 1589 年在比薩斜塔上投下兩顆質量不同的球，示範這兩顆球落下所需的時間與它們的質量無關，與亞里斯多德當初的想法違背：較重的物體比較輕的物體更快落下，並且直接正比於重量。由於慣性質量和重力質量的等效性質，一個在無重力加速向上的電梯裡的人感受到地板施予他的力，與受重力而站在地球表面的人感受到的力並無不同。此「等效原理」意味著重力效應並不像其他力一樣，而可以在任一特定點藉由座標系的選擇來抵消重力的效果。愛因斯坦對這個問題掙扎：什麼樣重力定律的建構，可以在任一特定點藉由座標系的選擇，使得物理方程式成為狹義相對論的形式？他以深刻的見解和勇氣總結出萬有引力必須是由時間－空間的曲率所導致。在任何彎曲時空裡，任何一特定點上的切面，事實上同構於具勞侖茲對稱性的閔氏時空；因此這麼一個局部的選擇即可使得其上面的物理定律完全符合狹義的相對論（舉個簡單的例子，在一個橄欖球彎曲表面上的任一點，在那點上的切面都是一個平的二維面；但要注意到雖然任何一點的切面都是平的，它在不同點都不一樣而且也沒有單一個整體平坦的面能作為每一點的共同切面。要達到這條件的阻礙就在於球面的曲率）。有關任意維度曲率的問題及數學上的表述，已經被德國數學家格奧爾格‧弗雷德里希‧波恩哈德‧黎曼完全解決。「從他那裡我首次學

到關於里奇然後是黎曼幾何。所以我問他我的問題是否可以藉由黎曼的理論來解決……」這裡的「他」即是愛因斯坦的摯友、同學兼數學家馬塞爾‧格羅斯曼。重力團體為表感謝，以他為名成立的馬塞爾格羅斯曼會議（起於 1975 年），是目前世界上致力於重力研究最大的學術研討會。在黎曼幾何中，最基本的變數是度規，而「幾何動力學」則是完全以幾何學的度規來描述廣義相對論中的運動。愛因斯坦的場方程可被重新表述為：一個起始的三維空間度規將會如何隨「時間」演化 。希波的聖奧古斯丁（Saint Augustine of Hippo）活在羅馬帝國晚年，他的著作影響到西方基督教和西方哲學的發展，在他著名的《懺悔錄》裡坦承，「然而什麼是時間？如果沒有人問我，我知道那是什麼。若我想要向問我的那個人解釋，我就不知道。」

時間存在與否？

百年來，當年愛因斯坦的〈相對論的基本構想和問題〉一直頑固地盤繞在廣義相對論的光環上，逼視世人。其中的關鍵就在於時間的概念一直未能釐清。

掌握時間的本質是困難的，但時間的問題卻是如此誘人。文獻上記載著無數有關時間的想法和概念，其中高低抽象難

易五花八門——有的是蒙塵的鑽石，有的看來閃亮奪目卻原來是砂礫，讓時間的概念看來更為迷惘不清。本文首先要讓讀者們來趟揭開時間謎樣面紗的歷史旅程。歷史的進程，潮起潮落，冥昭瞢闇，知性的幽光始終不斷。但希望在這趟特別旅程的終點，讀者們都能卸下時間面紗直探宇宙真理，更重要的是讓我們在了解當前的處境後找到再出發的據點。

遠早的古希臘時期，艾菲索斯（Ephesus）的赫拉克利特（Heraclitus, 535-475 B.C.）已喟嘆著「無人曾涉足過同一條河流兩次」，因此「萬物皆流動」，時間也是如此。孔子也用「逝者如斯，不捨晝夜」來比喻時間的流逝。但是埃利亞（Elea）的芝諾（Zeno, 490-430 B.C.）卻辯稱「飛行中的箭矢是沒在運動的」，所以時間只是人類觀感的幻覺。「時間是什麼」仍然是直觀具體卻又抽象難以掌握的概念。一直到大約兩千年後的桂冠天才牛頓，於 1687 年首度發表的《自然哲學的數學原理》中主張：「絕對的、真實的和數學的時間，它自身以及它自己的本性與任何外在的東西無關，它均一地流動……」這是人類首次以具體量化論述，把絕對的時間流動闡明成一個具備本體存在的事物。在牛頓的宇宙意象當中，時間的流逝獨立於任何感知者的狀態，以一致的步調均勻前進。

現代文明深深植根於牛頓的典範裡。我們日常生活和思

考如「動量」、「能量」、「衝量」等概念都來自牛頓力學，統稱為「牛頓的世界」。在這世界裡面，時間均勻流逝，空間無限延伸。

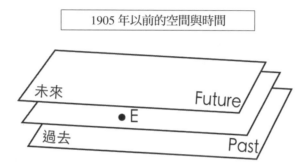

圖 6-1：時間均勻流逝，空間無限延伸的牛頓世界。

到了 1898 年，有最後的通才之稱的亨利‧龐加萊（Henry Poincare, 1854-1912）在其〈時間之測量〉論文中結論說：時間的定義就是要讓運動方程變得簡單；這時龐加萊剝奪了時間的本體性，讓它變得只是描述運動的約定符號而已。當愛因斯坦嘗試發展狹義相對論時，更發現我們的經驗感知是如此不可靠——在狹義相對論中時間完全失去客觀性，連我們習以為常的同時性的概念，都端視於我們當下的運動狀態而定，毫無直覺的客觀性可言。狹義相對論不單很精準地被實驗檢視，更催促著人類社會從古典邁進現代的步伐；只有愛因斯

坦的好友哥德爾（K. F. Gödel, 1906-1978）喃喃低嘆：「如果
時間的流動表徵著現在的存在不斷產生新的存在，這不可能
有意義地把存在相對化」，只是言者諄諄，聽者藐藐。「人
們偶爾會碰到真理，但大都只拾起看看，便隨手丟掉，然後
趕快尋找下一個目標，好像什麼都沒發生一樣。」邱吉爾如
是說。

　　在愛因斯坦的狹義相對論中，時間變成閔氏時空連續體
的一部分，時間連作為約定的符號的獨立性也都失去了；這
時，光速 c，這個獨立於任何參考座標的速度上限，扮演了把
各個慣性座標聯繫在一起的勞侖茲變換的推導的基石。圖 6-2

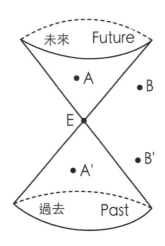

圖 6-2：狹義相對論中的世界圖像：光錐中通過原點的直線都是觀察者的時間軸。

就是愛因斯坦的狹義相對論中的世界圖像：光錐中每一條通過原點的直線都是觀察者的時間軸，但在不超過光速的範圍，事件的時間排列次序是絕對不變的。

重力及等效原理在愛因斯坦廣義相對論裡就是時空彎曲的結果，各個時空攜帶著它們自己的時間，時間排列不再可能是絕對。針對時間存在與否的問題，首先具體發難的是愛因斯坦尊敬的好友，常常一起在普林斯頓的林蔭路上散步討論的哥德爾，這位外表看來稍嫌瘦弱，卻是上世紀最偉大的邏輯專家，為了表達對愛因斯坦的友好及對廣義相對論的尊崇，特別撰寫了這篇後來名為〈哥德爾宇宙〉的論文。原本是準備在 1949 年愛因斯坦的 70 歲生日上獻給愛因斯坦的生日禮物，反諷的是，反而在廣義相對論中有關時間的問題上捅出大樓子。在這絕對嚴格符合廣義相對論方程的哥德爾轉動的宇宙中，吾人可以從 p 點出發一路旅行到 q 點去，奇怪的是，q 點在時間上竟然是 p 點的過去——如果能回到過去，那過去就沒有「過去」，那時間定必是幻覺而已！愛因斯坦對哥德爾論文的反應是：「這時間的問題在我開始構思廣義相對論時便一直困擾著我，但我一直都無法釐清。」雖然後來劍橋大學的史蒂芬‧霍金提出「時序保護」策略，以規避人們旅行回到過去的可能來挽救廣義相對論的時序矛盾，然而，只圖一時方便的建議，只是知性上的怠惰，並沒有正面迎戰問

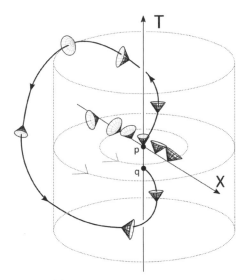

圖 6-3：哥德爾宇宙中人們可以從上面的 p 點出發一路旅行到 q 點去。

題，比愛因斯坦認為「這種解會被符合物理世界的宇宙排除」
來得勉強。

　　儘管廣義相對論乃百年來最令大家崇敬的人類文明成就
之一，它通過了無數不同實驗的檢驗，其應用更是從日常生活
中的衛星定位系統（GPS）到宇宙中用來檢測遙遠星系的愛因
斯坦重力透鏡。廣義相對論的蹤影無處不在，然而，在有關
時間的概念及其本質的問題上，廣義相對論不單沒有產生釐
清定廓的作用，反而招來更多充滿矛盾的謬思；尤其是在量
子化重力的問題上，「時間從何而來？」「其性質又是什麼？」

文獻上的描述大都神祕難明,甚至到了不知所云的地步。

　　時間的概念在廣義相對論中表面上雖然存在著無可克服的困難,但其實真正妨礙人們做出突破性思考的,反而是人們自己的知識所編織造成的成見及幻覺。引用美國加州理工學院基普‧索恩(他是世界最昂貴的,偵測銀河中的黑洞及黑洞碰撞的重力波訊號實驗〔LIGO, Laser Interferometer Gravitational-Wave Observatory〕的主持人,也是電影《星際效應》撰稿者之一,是多才多藝的物理教授)的話做結論:「生命都希望活存在老化比較慢的地方,而重力就會把他們拖曳到那裡。」

　　差不多是廣義相對論發現後半個世紀的 1958 年,向來以話語鮮少而著稱的量子力學奠基者之一的狄拉克,在他那篇向英國皇家學會提出的論文中,曾於檢驗了廣義相對論的正則哈密頓量(Hamiltonian)後,一而再地(一次在摘要、四次在結論)強調:「四維時空對稱」不是物理世界的基本對稱。簡單來說就是時間在物理上不可能等同空間,所以世界並不擁有如廣義相對論所宣稱的絕對四維協變對稱。

　　1967 年在西雅圖大學召開的巴特爾國際會議,目的在於希望透過數學及物理上最尖端課題的連串研習,激盪與會者的腦力、促成對話與思辨。在上一個世紀的 60 年代,這是學術界希望透過群策群力的合作來完成有關廣義相對論的真理拼圖的重要舞臺。舞臺上的主角之一,就是喊出「重力告訴

物質如何運動，物質告訴重力如何彎曲」這廣義相對論典範的約翰・惠勒；同年，也命名了「黑洞」。同時也是索恩的老師的惠勒睿智地指出：「只因為一個簡單的理由，幾何動力學中四維幾何是沒有意義的，因為沒有任何一個概率振幅在超空間（superspace，即抽象的所有三維幾何的空間）中傳播時可以無限精確地峰值在一個波包上。」這只是海森堡（W. Heisenberg, 1901-1976）測不準原理的簡單應用而已。當我們要無限精確地局限一個粒子的所在時，我們便同時失去有關粒子所攜帶的動量的所有訊息，因此經典時空，只是個有限度適用的概念，頂多在半經典狀態下能夠勝任而已。只是，拋卻了四維幾何後，理論也同時失去了時間──這時連我們的偉大導師與先行者如惠勒也錯誤地認為時間只是幻覺，因此喊出：「沒有時空，沒有時間，沒有過去，沒有未來」。

舞臺上另一名要角就是與惠勒一起發表了被認為是重力量子場論中最基本的惠勒－德威特方程，來自北卡羅萊納大學的德威特（Bryce S. DeWitt, 1923-2004）。可是這重力量子場論中惠勒－德威特方程卻沒有明確的時間存在 。德威特因而導致革命性地提出「時間」必須「內蘊」地由理論中的場變量來決定。可惜，惠勒－德威特方程另一個重大缺憾乃來自其包含對時間二次導數的先天本質。其問題在於，一個具二次時間導數的方程將會無可避免地讓就算是事先準備得好

好、一開始有著正機率密度的波函數,在演化的過程中使機率密度變成負值;這是需要機率密度必須為正值來詮釋波函數的物理含義的量子力學絕對不能承受的後果。五十年來無數天才殫精竭慮地希望彌補惠勒-德威特方程的缺失,例如提出莫名其妙的三次量子化程序等,卻無不鎩羽放棄,儘管廣義相對論不斷產生更多疑問與混淆的概念,人類的文明隨著時序的流動毫不猶豫地邁入 21 世紀——一個未來可能充滿更多不確定性的世紀。

四維時空對稱與量子重力勢不兩立

在人類文明的歷史長河裡,人類從未稍稍褪去探索宇宙基本構造的真理的熱忱;這股了無盡期的熱情也激發出人類璀璨的文明,到目前為止,最大的成就莫過於標準模型(Standard Model)的建構。標準模型假設宇宙物質都是由基本粒子,夸克與輕子(如電子)構成的,而其成就主要來自於應用量子場論的技巧,來建構一個在高能領域中保持微擾重整化(perturbative renormalizability)的理論,去計算那些看來無可避免地變成無窮發散的物理參數。

利用量子場論技巧的好處是能把各種性質的物理量都統一起來,歸併到量子態中來描述,一旦知道了那個量子態,

就能算出所有物理量。但量子場自由度在時空的每一點上都是具有分布值的，因此這些都是自自然然地就會發散的物體，所以任何天真地而不加調整就進行的計算最終都會變成毫無意義的無窮大。

在經歷了兩代物理人不斷的探索之後，人們終於找到了一種今天稱為重整化的程序——那就是從計算中利用幾個需要由實驗來決定的物理量（如電荷等）去吸收那些無窮大的量，使得另外一些物理量變成有限及可以被計算。這是近代物理邁向發現宇宙基本原理的重要成就之一。然而讓許多廣義相對論的崇拜者及支持者失望的是，無論吾人多努力，用盡各種不同的方法去嘗試，廣義相對論最後都仍然是在高能量帶呈現發散變得非重整化——這是廣義相對論令人心碎的真相。

在本世紀剛開始時，加州大學柏克萊分校的荷沙華（P. Horava, 1963-）提出一個新的策略。他體認到量子么一性（Unitarity）其實深深地與廣義相對論中的四維協變對稱性是相互扦格的兩個原理。人們早在 19 世紀末就知道任何一個理論中如果含有超過兩次時間導數的話，那理論中的哈密頓量便不存在下限，因此理論是不穩定即缺乏么一性的。但四維協變對稱卻把空間導數的次數與時間導數的次數綑綁在一起，即高次空間導數項雖然會讓廣義相對論變成可重整化，但那些高次時間導數項卻會讓理論變得不穩定；高次導數項要加

還是不要加，真是心中千萬難。

荷沙華創見之處在於保全量子么一性，放棄了普遍視為廣義相對論必須滿足的四維協變對稱，荷沙華的論文揭起了一陣旋風與研究熱潮，然而，隨著愈來愈多趕熱潮的文獻指出理論表面上的謬誤後，荷沙華本人也對其創見失去了信心，轉向更複雜的策略尋求出路。這真是個當今潮流下的悲劇，令人唏噓。綜觀科學發展的歷史，每次典範轉移革命的序幕都是從當時大家普遍相信的原理中出現矛盾所掀開的。例如當牛頓萬有引力定律中的超距作用（action-at-a-distance）與剛發現光速為有限的、最大的、傳播速度的事實互相扞格時，便導致愛因斯坦發現廣義相對論。現今一窩蜂卻只有三分鐘熱度，注重快速發表論文的風氣，對需要長時間鑽研、深刻思考的工作，無疑是把雙面刃，卻恐怕是弊大於利。迅速的熱潮可以很快便引起廣泛討論，集眾人之力可以快速突破理論的瓶頸的確是個優勢，但快速與潮流往往也代表淺薄，缺乏深刻縝密的思量，原來的創見反而容易迷失在眾聲喧嘩中。

當人類文明邁進 20 世紀時，要昇華到更高形式的條件已漸趨成熟。這訊息及趨勢同時在文學、藝術及科學的各個領域中表現出來，除了科學方法乃科學家的共同利器外，其他先行者們就利用他們獨特的藝術視角、無拘無束的創意及想像力與深刻入微的觀察力，來進行一場偉大的文化運動。1922 年，

與愛因斯坦得到諾貝爾獎的同一年，喬伊斯（J. Joyce, 1882-1941）發表了小說《尤利西斯》，艾特略（T. S. Eliot, 1888-1965）發表了詩篇《荒原》，這些劃時代創作的特徵都需要以非線性的時間視角去理解人類記憶的特質——過去活躍的記憶改變著現在，而現在也改變著過去，並且影響著未來。

馬塞爾·普魯斯特（Marcel Proust, 1871-1922）的《追憶似水年華》出版於 1913 年，比愛因斯坦在 1915 年發表的廣義相對論還早兩年。普魯斯特曾經興奮地追憶他與愛因斯坦書信往來討論時間的問題，「……從愛因斯坦信中得悉他對時間的概念，但我對愛因斯坦的話卻一丁點都不明白，我不懂代數。」普魯斯特進一步說：「看來我們都有類似的扭曲之時間。」普魯斯特明顯地掌握了廣義相對論中時間的性質。這革命性的運動觸發出充滿不確定性的摩登時代的來臨，同時也慢慢地把古典世界掃進歷史中。

廣義相對論撲朔迷離的一面

從今天的目光來看，如果說廣義相對論開始那幾十年的研究大都浪費在尋找特殊解的問題上，是不太為過的中肯說詞；例如需要假設時空具備球對稱性才能得到的黑洞解，就是在 1916 年由德國天文物理學家史瓦西所發現。這個解的特

色就在那連光都無法逃逸的視界面。然而，1921 年的保羅‧潘勒韋及前文曾提到過 1922 年的阿爾瓦‧古爾斯傳，發現了另外一個今天稱作「潘勒韋－古爾斯傳解」的解，這個解裡面卻不存在視界面的情況。今天我們已理解到，這與史瓦西解只是不同座標系下描述的同一個時空而已——它們是相等價的！但這讓古爾斯傳想到，既然廣義相對論的解不是唯一的，那麼廣義相對論便必定是錯誤、沒用的理論。而這正促成了前文那則有關愛因斯坦的諾貝爾獎的故事。

特殊解就是特殊的解，缺乏普遍性，因此吾人也沒法從中學到有關廣義相對論的普遍的物理知識。當今有成千上萬的論文在討論黑洞，這對彎曲時空下的量子場論的性質的探討可能幫助很大，但對廣義相對論的認識卻無大裨益，因為普遍的時空是不應被預設具有任何對稱性的。自從牛頓開始，要偵識一理論中的物理內涵，就是要讓系統在時間下演化，除此之外別無他途。到了 1833 年，愛爾蘭人威廉‧哈密頓（William R. Hamilton, 1805-1865）引進廣義座標的方法，大大地增加了古典力學的應用範圍，尤其是當個別粒子座標，如在場論中，及延伸到量子力學裡速度的概念不明確時，這方法依然有效。現在我們稱之為哈密頓力學，其中系統對時間的演化就是要從哈密頓量中產生。

這方法中有一對只含一次時間導數的演化方程。牛頓

與哈密頓的方法之差異在於，哈密頓方法只依賴於泊松括號（Poisson Bracket）。 根據狄拉克，量子化時只需要把泊松括號換成交換算子（Commutator）乘上 ih 便可（A 與 B 的交換算子就是 [A,B] = AB-BA）。而物理量就對應於自伴算符（Self-adjoint operator），對應到能量的算符就是哈密頓量。當人們開始利用電腦模擬如兩個黑洞碰撞的過程時，也就掀起了廣義相對論動力學研究的新紀元。故事從 1959 年開始，當阿爾諾維（R. L. Arnowitt, 1928-2014）、 戴瑟（S. Deser, 1931-）及米斯納（C. Misner, 1932-）三位重力研究者將四維時空流形割切成一連串的三維空間，在這個過程中取得廣義相對論的哈密頓量，然後再加上新引進的延聘（Lapse）場 N，移位矢量（Shift vector）場 **N**，三維空間的演化就能重新堆疊出四維時空。因為無窮細小連續的兩個時刻中空間的點是一樣多，而 N 和 **N**（如圖 6-4）就對應著上一個時刻中的空間的點怎麼具體地移挪到下一個時刻中的空間。

愛因斯坦重力理論中的四維度規 $g_{\mu\nu}$ 就可從各時刻的空間度規場 $q_{ij}(\mathbf{x}, t)$ 以及延聘場 N、移位矢量場 **N** 建構得到。這種哈密頓表述方式，容許吾人將三維空間一如力學般做動力演化，因此惠勒稱之為幾何動力學，對應的哈密頓量，文獻中稱為 ADM 哈密頓。

1915 年 11 月 25 日愛因斯坦完成廣義相對論，同一個

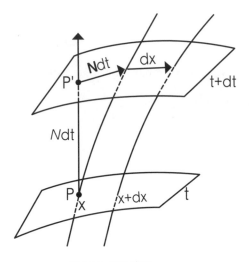

圖 6-4：ADM 演化。

月，20 世紀偉大德國數學家希爾伯特也導出愛因斯坦方程對
應的作用量。後來發現這個作用量的 ADM 總哈密頓密度就是
$NH+\mathbf{N} \cdot \mathbf{H}$，真正的物理自由度是空間度規場 $\mathbf{q}_{ij}$，並不是四維
的時空度規 $\mathbf{g}_{\mu v}$，而剩下的延聘場 N 和移位矢量場 $\mathbf{N}$ 則扮演移
挪約束條件 $H=0$ 和 $\mathbf{H}=0$ 的參數，並非物理自由度。因總哈密
頓約束為零，結果造成這理論看起來無法演化，除非使用內
蘊時間。但哈密頓密度消失是個非常嚴峻的問題：既然哈密
頓就是能量，如果廣義相對論的哈密頓密度為零，那重力場
怎麼可能攜帶能量呢？

　　著名美國物理學家費曼（Richard Feynman, 1918-1988）

困惑地思量：「當重力波經過兩顆串在一節棍上的珠子時，它們的振動經由摩擦產生熱能，因此重力場必須攜帶局部能量。」內蘊時間以及對其所應的哈密頓量卻能一石二鳥地解決這兩大難題。「內蘊時間演化」就是使用理論中的一個自由度來扮演時間，而演化方程則隱藏在 $H=0$ 的哈密頓約束裡。至於 $H=0$ 的動量約束，可解釋為三維無窮細小座標變換所產生由李（Lie）導數作用的，微分同胚映射（Diffeomorphisms）的「規範對稱」條件。剩下的重點是——哪個自由度才恰好是我們宇宙的內蘊時間？

時間起源自量子重力

在人類漫長的文化歷史中，睿智和愚庸共存；吾人可以想像，任何可以想到的想法都已經被想過了——哥德爾的工作指出廣義相對論可能存在缺憾，狄拉克指出時空對稱性不應該是重力理論所具有的對稱性，惠勒強調三維空間（而非四維時空）的重要性，德威特革命性地提出時間應該由理論內蘊地決定，荷沙華即放棄了四維時空對稱性引入高次空間導數；所有這些意見都含有部分真理，但都不是真理的全部，但綜合先驅們的所有觀點後，我們認為以三維空間作為出發點的想法值得吾人更深入地進一步分析與了解。

　　一個配以三維空間度規及其共軛動量（q_{ij}, π^{ij}）作為基本動力學變量（如同一般正則力學裡的座標 x 與動量 p 的推廣）的幾何動力學理論，承繼了一些來自度規值得一提的特徵：空間度規的正定性確保了任意初值曲面上兩點間的類空性質，並且允許了，用惠勒的話來說，「一個共同一致的『同時性』的概念，以及初步對『時間』的感知」。在沒有特定背景時空度規（注意，時空是空間演化堆疊而成的古典概念）的量子重力理論中，非度規場的基本變量自身無法生成一個距離的度量，乃至自洽的初值超曲面。給定了一組基本的三維空間度規及其共軛動量後，下一步便是要利用它們來建構一個內蘊時間變量。吾人首先要分解三維空間度規成為么模（Unimodular）因子和行列式因子部分，即 $q_{ij} = q^{\frac{1}{3}}\bar{q}_{ij}$（可把 q_{ij} 視為三乘三的矩陣而 q 就是行列式），而 In q 場就是恰好的內蘊時間自由度，也就是之前所提到的、與超空間（Superspace，所有三維幾何的空間）對應的時間。

　　狄拉克、惠勒以及荷沙華，全都是放棄廣義相對論中的時空對稱的先驅；吾人應當深入了解他們的見解到底是怎麼一回事。奇蹟般地，下面數個表面看來不太相干的因素，現在卻共同催化最簡且令人不得不信服具有內蘊時間 In q 的量子重力理論之表述。首先，由於 In q 是一個物理場，在每一個空間點上都可以擁有不同值，因而不完全符合我們對時

間的直覺。但吾人應該記住，含有物理意義的不是絕對時刻而是事件間的時間間隔；這時，奇蹟再度發生——一個規範不變及合符直覺的時間間隔就唯一地隱藏在 In q 場的內蘊時間間隔中，它的平均值就剛好不折不扣地正比於宇宙的部分體積變化 $\delta t = \frac{\delta V}{V}$ 。數學上把隱藏在 In q 場中的規範不變的時間間隔唯一地確認出來的技術通常稱為霍奇分解（Hodge decomposition）。

　　直觀上時間間隔都必須只是一個一維的參數，用來描述演化過程。然而奧妙的是，從一個在所有空間點上都可以擁有不同值的場，要收斂到只剩下一個一維的時間參數，理論中就必須擁有局域規範對稱性來收縮成等同的物理。此時 **H=0** 所描述的三維微分同胚映射對稱恰好把內蘊時間間隔唯一地確認為宇宙的部分體積變化。這啟示了宇宙中最深刻的謎題：為什麼宇宙在基本的層次上都需要擁有局部規範對稱？因為只有三維微分同胚映射局部規範對稱才能允許場自由度坍塌到一個單一的一維參數，好讓時間在宇宙中出現。此外，對應到 *H=0* 約束的量子動力演化可巧妙的導出最終規範不變的量子態演化方程——薛丁格方程： $i\hbar\frac{\partial\Psi}{\partial t} = H_{Phys}\Psi$ 。這就是我們熟悉的、適用於所有物理系統的量子演化方程。

　　這是一個揭開革命序幕的關鍵步驟，一個極度重要的突破：量子重力理論現在能夠被所對應的一階的內蘊時間導數之

薛丁格方程所支配（伴隨著在任何內蘊時刻的半正定〔positive semi-definite〕機率密度的結論）。這方案解決了量子力學詮釋（這裡頭需要時間概念與半正定機率密度兩者）與通常的克萊恩－戈登（Klein-Gordon）型屬於的、二階內蘊時間導數（因而沒有明確的「機率」）之惠勒－德威特方程之間的深度分歧。此外，因為量子演化先後秩序並不對易，薛丁格演化還提供了規範不變的時間排序（因果關係）。「因果」不單是物理也是宗教、倫理學的基礎。另一方面，1933 年包立提出一個定理，困擾著有志一探時間真實面目的心靈——包立證明了不存在著時間的自伴算子，因為時間與哈密頓量共軛的性質會讓能量變成連續且無下限。狄拉克在 1926 年曾提出薛丁格方程乃等同於把相空間（phase space）擴大到包括約束 $H_{Phys} = -\pi$ 在內蘊時間的表述當中，包立設下的魔咒被奇妙而深刻地克服了——雖然內蘊時間是量子場算符，但哈密頓量並不含內蘊時間 t 的共軛量 π。其中深刻之處在於這些結果都並不需要外加或假設什麼條件，而自自然然地從方程式中直接流露出來，而且約束就是以上的薛丁格方程。延伸狄拉克的構想，量子力學裡時間的起源乃來自擴大相空間的一個自由度，而量子重力理論就提供了這個唯一的答案。

古典時空重建

直觀上，大概可把時間分成三類：

（1）時間是人類感官帶來的幻覺

（2）時間是突現的量

（3）時間是基本的量

現實中，我們的直觀經驗不完全對，也不完全錯；不單是惠勒，連愛因斯坦也說：「像我們這種相信物理的人就知道過去、現在及將來的分別只是我們頑固的幻覺」。量子內蘊時間乃從基本的度規建構而來，是時間基本的描述，但我們每天經驗到的時間來自於突現的古典四維時空背景的度規 $g_{\mu\nu}$。

薛丁格方程演化的半古典極限，自動地突現具有物理意義以及依賴於密度的類時延聘場 N，而四維時空度規 $g_{\mu\nu}$ 也就從量子建設性干涉中突現的半古典空間度規 q_{ij} 以及 N 重建出來，而規範不變的物理則獨立於 N（微分同胚映射局部規範對稱的參數）。從量子到古典，重力的內蘊時間表述中的所有概念與元素其實早就記載在文獻中，等待吾人去發現而已。聖經說：「問，給你答案；尋找，你會找到；敲門，門會為你而開。」

杞人「憂天」有道理

「杞人憂天」這個成語常用來諷刺愚人憂患那些不必要擔心的事情，問不該問的問題。但其實這位被大家公認的「愚人」卻點到了宇宙中最深奧的謎——萬有引力為什麼沒有讓天崩塌下來呢？牛頓認為在我們無限大、物質分布均勻、靜態的宇宙中，引力在每一點都互相抵消，也沒有任何一個特別點能成為崩塌的中心，而「解決」了這個問題。但是這個想法是有缺點的：萬有引力只要出現些許小小的微擾就會使物體往密度比較高的地方累積，最終造成崩塌的結果；此外，如果我們活在無限大、物質分布均勻靜態的宇宙裡，那夜晚的天空為什麼是黑暗而不是光亮的呢？

相對於某個距離的恆星，兩倍遠的恆星的亮度便會弱了四倍，但是同樣體角內兩倍遠的面積卻是大了四倍，這四倍多的恆星產生的光加起來會跟之前是一樣的亮。無限大、靜態的宇宙裡，無論往哪一個位置張望都應該見到星體，夜空將會是由全體星光照耀如畫的天空。這就是「歐伯斯佯謬」（Olbers' Paradox），由德國天文學家歐伯斯（H. W. Olbers, 1758-1840）於 1823 年提出（雖然他並不是最先探討這個議題的人）。

愛因斯坦開始時也是靜態宇宙的信徒，可能是受到斯賓

諾莎（B. de Spinoza, 1632-1677）哲學的影響，「上帝和自然界是同一件事的兩個面向」，而認為宇宙一如上帝是不變的。可是愛因斯坦原來的重力方程卻沒有物質分布均勻的靜態宇宙的解。一旦得知哈伯－赫馬森（Hubble-Humason）1931 年從光譜的紅移測出宇宙在膨脹，愛因斯坦便宣稱他 1917 年在方程裡增加了「宇宙常數」是他「一生中最大的失誤」。之前，愛因斯坦是利用增加的正宇宙常數項產生的負壓力來平衡物質分布的引力，才可得到靜態宇宙的解。

1990 年代珀爾馬特、施密特和里斯（Perlmutter-Schmidt-Riess）發現宇宙膨脹不但沒有放緩，實際上還加快，並因此於 2011 年獲得諾貝爾物理學獎。使宇宙加快膨脹的最簡單因素就是正號的宇宙常數，愛因斯坦的「失誤」。能對「歐伯斯佯謬」給予解釋的兩個因數，就是宇宙的年齡是有限的和光譜因宇宙膨脹而產生的紅移，而後者是最重要的效應。

早期宇宙遺留下來的熱輻射因為宇宙膨脹的緣故而紅移到微波的波長，成為今天宇宙中無所不在的 2.7K 宇宙背景輻射。宇宙的膨脹也限制了可觀測宇宙的大小，在此範圍之外的光是到不了我們所在之處的，因此沒有陽光的夜空是闇暗的，讓吾人的生活平添不少詩意。目前所有的天文數據和證據都一致地透露，我們宇宙從大霹靂以來都是一直在膨脹，也沒有足夠的物質來制止宇宙繼續膨脹下去。

　　從內蘊時間的觀點來看膨脹的宇宙不但是自然而且是必然的，因內蘊時間就是宇宙體積的單調函數，而像哥德爾宇宙這類不符合內蘊時間演化的解，也不會產生。那麼我們膨脹的宇宙是無限大的嗎？簡單的、分布均勻的宇宙的解包含了一個有限大，而且是在一直膨脹中又無邊界的三維球面 S^3 的宇宙。但是目前的天文觀測還不能完全排除其他拓樸及無限大的宇宙的可能。「只有兩樣東西是無窮的——宇宙和人類的愚蠢。而對前者，我還不能完全確定。」愛因斯坦如是說。

重力與標準模型中楊－密場的類比

　　「規範對稱」這技術名詞比「約束系統」來得更普遍是個不幸的現象，因為兩者的物理內涵是一樣的，但約束系統的語言比規範系統更容易想像及掌握其物理細節；例如，闡述電磁學是一個 U(1) 局部規範理論，那麼就算對很多專家來說也是抽象難窺其中奧祕的理論，但如果把電磁學說成是一個約束系統，約束著理論中的電磁場的自由度，使得在時空上每一點都滿足電荷守恆的要求便容易明白得多了！幾何測量標度（scale）可以自由選取的構想，是由赫爾曼‧外爾於 1918 年首先發展出來。而在量子力學成形後，外爾注意到波函數具有的重新調校標度（rescaling）的對稱性，並進而導出

了電磁學中的電荷守恆。當今，我們稱量子電動力學為一個
U(1)「規範不變性」理論。為了解決當時基本粒子物理的問題，
楊振寧以及羅伯特‧密爾斯（Robert Mills）於 1954 年引進了
非交換性的規範場位勢，現在被稱為楊－密非阿貝爾（Non-
abelian）規範理論，成為了今天標準模型的基石。

　　量子場論中的量子場的特質是在每一個空間點上都有著
無窮多個自由度；如果在這些無窮多個自由度中存在著對稱
性，那麼在每一點上都必須有一些自由度是多餘的，而且它
們必須沒有物理地位。在當代的術語裡，為了得到一個規範
不變的、有物理意義的單一參數，這意味著這些多餘的自由
度必須在每一點上都可以被規範處理掉，就像內蘊時間場變
量的霍奇分解那樣，而這亦說明了為何規範對稱性在場論中
都必須是局部的。在某種意義上，這個世界必須是規範的，
是因為世界需要時間進行演化，而且我們日常的經驗告訴我
們時間必須只是個一維參數，只有規範對稱性才能把「時間
場算符」中不相干的自由度消除掉。把規範對稱視為相位變
化下的對稱性的傳統術語，是個不完整的概念。這僅僅在量
子力學中是恰當的，但是當要處理有著無窮多個自由度的量
子場算符時，就顯得不適當了。

　　就如同我們先前所強調過的，在量子場理論裡，約束理
論比規範理論更加貼切。第一類約束於場算符所產生的剩餘

自由度（規範自由度）之細小改變和規範對稱變換所產生的改變是一樣的。在那些物理可觀測量中是不能夠存在那些剩餘自由度的；因此，它們不能在對稱變換下改變，而必須與第一類約束對易——此即規範不變性。這與處理只有無窮細小的激發態的量子場論的特質是自洽的。

雖然吾人可以詮釋動量約束所引起的基本變量的變化，與廣義無窮小的座標變換的效應等價，但必須強調：

（1）理論中真正的基礎性對稱，乃是由約束量的形式及其所對應產生的精確的變換所完全決定，而非藉由將要在作用量及哈密頓量中被積分掉的贗（dummy）空間座標變量的變換來決定；

（2）H在三維微分同胚映射對稱變換下所產生的改變乃是動力場在相同座標上取值的結果，在這意義上，這與平常所見到的楊－密規範場變換是自洽的，但一般卻把楊－密規範場變換天真地看成是「內部的」，而廣義相對論變換則被認定為「外部的」或者是時－空座標的變換。

其實真正重要的是，其中對稱性乃是由理論中的動力場的變換所完全決定，而非藉由「導致的座標變換」所決定，座標只是個標籤，缺乏任何主動的角色。因此單就空間微分同胚映射變換對稱性來說，它們就是愛因斯坦理論的規範對稱場，這與一般稱作「內部的」楊－密規範場完全一樣，都

是描述相同座標點上規範對稱場的改變。

正確地同時認識到廣義相對論其實就是一個規範場理論，以及其根本的動力變量乃來自空間，而並非空時的度規，不僅化解耦合重力到費米子時所面臨的問題，也同時揭示了當四維時空在量子擾動下失去其有效性時，要如何超越等距同構（Isometry）、框纖維叢（Frame bundle）、切面對稱規範化等概念所扮演的角色。要自洽性地量子化一個量子場論，就無可避免地必須要提供一個可靠的微觀因果結構。在一般慣常的楊－密規範量子場論中，場算符間的對易關係乃經由相對於固定背景度規提供的光錐結構（決定了光錐結構乃至於類時、類空，與類光的性質）的柯西（Cauchy）初值超曲面來定義。正如惠勒強調過的一樣，因為量子重力態不可能無限精確地峰值在某個經典配置狀態中，四維時空只是一個有適用限制的經典概念。因此，我們就不能天真地在量子領域中定義並應用四維框纖維叢此一典範概念。

另一方面，一個自洽的量子重力理論就應該認識到，作為一個真正的規範對稱的空間微分同胚映射對稱變換的基礎性質，乃完全平行楊－密規範對稱性質及其基本動力學變量是空間度規的基礎性作用，而不是時空度規的重要性。從重整化群的角度來看，量子場在重整化過程中將重新調整結構並由相應的量子場論的固定點的結構細節來將自己融解成更

精細的結構，而頂多是半經典的四維時空結構，將最終融解成更基本的結構。

因此，在不存在背景時空的情況下，當務之急乃利用更具基礎性的三維空間度規場（而非四維時空）來定義和量子化重力，一如楊－密規範場理論一般，應該期待一個局部哈密頓密度。這個從四維協變對稱轉化為三維協變對稱的根本的觀念轉變和典範轉移，可以在隱含於局部哈密頓密度中，能夠自然而然地實現粒－波的二重性的量子場的色散關係中，得到進一步支持。

迄今為止，要在普遍缺乏等距同構（更不消說勞侖茲等距同構了）的彎曲時空流形中兼容地引入費米子，可以從同構於閔氏時空的切空間的對稱群的規範化中實現。在缺乏基本的四維時空和框檻維叢的支持時，我們應該轉向利用空間度規或怜三面形（Dreibein）來提供必要和足夠的框架。吾人在量子化的重力理論中引入費米子物質將要面對的迫切問題就是：當四維度規及有效的半經典四維時空在各種重整化的尺度縮放過程中，融解成更基本的三維空間建構塊的度規場和其共軛動量場時，如何將這些基本粒子在各種重整化的尺度縮放過程中保持其「基本」性，而不會在重整化過程中顯現出新的結構。

微妙的是，大自然不僅提供了將量子幾何動力學視作規

範微分同胚映射對稱場論時，碰到缺乏基本的四維時空這一困難局面的解決方案，同時，也啟示了耦合量子重力到費米子時乃是規範化三維空間度規的勞侖茲對稱群，而不是四維流形上切面空間的閔氏空間的等距同構。怜三面形 e_{ia} 與空間度規的關係是 $q_{ij} = e_{ia}e_j{}^a$，使得空間度規在對怜三面形做局部 $SO(3,C)$ 群旋轉時保持不變。這是一個非凡的事實，即複變數群 $SO(3,C)$ 實際上是勞侖茲群的另一種表現形式，因為它是與 $SO(1,3)$ 群同構的。因此，完整的勞侖茲對稱性，並不僅僅是實數 $SO(3)$ 的旋轉對稱，其實早就已經存在於空間度規中。$SO(3,C)$ 和它的覆蓋群 $SL(2,C)$ 的規範化，更是自然而然地讓基本的外爾費米子同時兼容著基本粒子物理的標準模型的手徵性。

此外，在規範化完整的勞侖茲對稱性過程中，吾人只需要利用到基本的三維空間怜三面形及其共軛動量，而不需要用到任何四維時空性質。在這層意義上，即使在量子重力的範圍，當半經典時空和四維度規失去其適用性時，費米基本粒子依然可以保持其基本性質。基本費米粒子的手徵性，因此是自動和自洽地通過這個勞侖茲規範對稱的方法來實現。最後還必須指出，這與一般在量子力學中的相因子規範不同，在量子場論中的費米子場，雖然是基本的，但它們本身卻不是物理態，因此非緊緻群的規範化，例如，$SL(2,C)$ 並不

產生任何異議或者扞格。每當一個明確定義的四維時空出現在經典脈絡的情況下，嵌入空間度規的無跡外曲率（extrinsic curvature）都有著清楚的物理詮釋，而時空則可以從怜三面形和延聘函數中像前文所提及的時空重建的程序那樣，自洽地重建起來。

宇宙的初生與時間箭頭的方向

內蘊時間量子幾何動力學對宇宙誕生時的物理現象及起始條件有著異常深刻的啟示。首先，除了廣義相對論中的三維純量曲率 R 外，三維微分同胚映射不變性允許引入對度規更高階的微分項，這是使理論成為可重整化的關鍵，同時也決定了宇宙早期的物理性質。在三維狀況裡，唯一可能引進的變項就是所謂的郭頓－約（Cotton-York）張量。就像在廣義相對論中的重力只有兩個自由度那樣，郭頓－約張量包含了兩個橫向（transverse）並且無跡（traceless）的自由度，在這個意義上說明了為什麼在高能量帶可以有效地取代廣義相對論；但郭頓－約張量卻有著一個額外的共形（conformal）對稱性。

從經典的角度來看，半正定的哈密頓量在宇宙誕生瞬間（即 $t \rightarrow -\infty$）具有最小值的真空基態條件，就是郭頓－約

張量以及引導三維空間堆疊成四維時空的無跡外曲率都同時為零。消失的郭頓－約張量就是讓宇宙幾何具有共形平坦的性質，亦即羅伯遜－沃克（Roberson-Walker）度規的關鍵，簡單地實現了潘若斯的外爾曲率假說（Weyl Curvature Hypothesis）：「大霹靂時的起始奇異點必須使四維外爾曲率消失。」

根據霍金－貝肯斯汀（Hawking-Bekenstein）黑洞熵公式，一個太陽大小的黑洞每粒重子（Baryon）大約攜帶著 10^{21} 大小的熵（Entropy），潘若斯估算如果宇宙中的物質擁有 10^{80} 粒重子的話，在大霹靂時重力自由度在熱平衡時對應的熵值就應該高達 10^{123} 才對。「我們非常奇特的大霹靂」，真的要非常非常奇特才會出現熵值接近為零的羅伯遜－沃克的時空幾何。但現在的早期宇宙卻是由具有共形對稱性的郭頓－約張量所主導的，這使得哈密頓真空基態自然地讓宇宙起源自熵值接近為零的熱平衡態中；宇宙隨著內蘊時間演化，萬物既生，熵值也跟著增加；內蘊時間量子幾何動力學是到目前為止唯一讓量子、熱力學、因果、宇宙學各時間箭頭都自然地朝同一方向增長的量子重力理論。內蘊時間量子幾何動力學不單是能夠解釋時間箭頭，同時也能夠了解時間的起源。因為，零掉的郭頓－約張量與無跡外曲率也意味著整個三維外曲率也跟著零掉，這正好是宇宙誕生時，度規做歐幾里德解析延拓時的所謂連接點條件（junction condition）（例如從

勞侖茲德西特度規的咽喉的同形平坦的 S^3 截面做解析延拓到歐幾里德 S^4）。

從量子觀點上來看，這雖然與霍金－哈圖（Hawking-Hartle）的無邊界宇宙波函數的主張相通；但重要的是在內蘊時間的表述中，已經自動地包含了哈密頓的時間可以從實數解析延拓到虛數，從而得到宇宙誕生時的歐幾里德配分函數（partition function）；而且從延聘場函數，N 的公式中也可得知虛數時間正好是對應著宇宙還未產生時間時的歐幾里德標誌（signature），因此包含了時間如何誕生、宇宙如何演化的全部物理。LIGO 團隊在 2016 年 2 月 11 日宣布，觀測到兩個黑洞大約於 13 億年前在碰撞、合併之後釋放出來的重力波訊號，GW150914；直到目前為止的數據分析都意味著在目前的宇宙尺度中，似乎只有看到愛因斯坦理論的貢獻，而沒有見到其他所有可能的高次導數項的訊號，這剛剛好是內蘊時間量子幾何動力學重要預測之一。至於「大霹靂」時的量子擾動會輻射出尺度不變，以及含有高次導數項貢獻的太初重力波能譜，將會在不久的將來，幾乎是覆蓋了大部分重力波能譜的宇宙觀察實驗中證實與否，這都是進一步檢定內蘊時間量子幾何動力學成功與否的重要標準。

整個內蘊時間量子幾何動力學表述中並沒有如弦論、環量子重力、非對易幾何……等，需要用到什麼高深的數學或

者奇怪的主張；卻能一致地描述了從時間、宇宙的創生到各種時間箭頭的方向，以及日常生活的經典時空物理及解決廣義相對論等大大小小的矛盾。愛因斯坦說：「上帝是深奧的，但並不殘忍。」現在看來似乎確實如此。

這工作部分由中央研究院物理研究所和成功大學物理系所補助。我們也感謝林暉程、蘇達賢、張耀文對本文的協助，特別是陳弘煦詳細的閱讀及建議。

、

延伸閱讀與參考文獻

1 廣義相對論百年史

1. A. Pais, Subtle is the Lord: The Science and Life of Albert Einstein (Clarendon, Oxford, 1982).

2. D. Kennefick, Traveling at the Speed of Thought, Einstein and the quest forgravitational waves (Princeton University Press, Princeton, 2007).

3. M. Janssen, J. Norton, J. Renn, T. Sauer and J. Stachel, The Genesis of GeneralRelativity Vol. 1: Einstein's Zurich Notebook: Introduction and Source (Springer, Berlin, 2007).

4. M. Janssen, J. Norton, J. Renn, T. Sauer and J. Stachel, The Genesis of GeneralRelativity Vol. 2: Einstein's Zurich Notebook: Commentary and Essays (Springer, Berlin, 2007).

5. J. Renn and M. Schemmel, The Genesis of General Relativity Vol. 3: Gravitation in the Twilight of Classical Physics: Between Mechanics, Field Theory, and Astronomy (Springer, Berlin, 2007).

6. J. Renn and M. Schemmel, The Genesis of General Relativity Vol. 4: Gravitation in the Twilight of Classical Physics: The Promise of Mathematics (Springer, Berlin, 2007).

7. Y. Kosmann-Schwarzbach, The Noether Theorems: Invariance and Conservation Laws in the Twentieth Century (Springer, 2011).

8. 陳江梅、聶斯特（2005）〈萬有引力與能量〉，《物理雙月刊》二十七卷六期，頁 776-779。

9. 愛因斯坦的論文，包括原始文件和英文翻譯，可在下列網站免費下載：http://einsteinpapers.press.princeton.edu

2 宇宙學百年回顧

1. E. Harrison, "Cosmology: The Science of the Universe", Cambridge

University Press, 2nd edition, 2000.

2. J. D. Barrow, "The Book of Universe", Vintage, 2012.

3. T. Duncan & C. Tyler, "Your Cosmic Context: An Introduction to Modern Cosmology", Addison-Wesley, 2008.

4. Chi-Sing Lam, "The Zen in Modern Cosmology", World Scientific Publishing Company, 2008.

5. D. Blair & G. McNamara, "Ripples on a Cosmic Sea: The Search For Gravitational Waves", Helix Books / Perseus Books, 1999.

6. H. Nussbaumer & L. Bieri, "Discovering the Expanding Universe", Publisher: Cambridge University Press, 2009.

3 黑洞

1. Inside the Black Hole, by Andrew Hamilton 黑洞相關知識介紹與模擬 http://jila.colorado.edu/~ajsh/insidebh/index.html

2. Web of Stories（包括 John Wheeler 在內大科學家們的影音訪談紀錄）http://www.webofstories.com/play/john.wheeler/86

3. Einstein Online （許多有關廣義相對論的科普文章和動畫）http://www.einstein-online.info

4. UCLA Galactic Center Group（更多關於圖 3-9 的資訊及相關動畫）http://www.galacticcenter.astro.ucla.edu/animations.html

5. Odyssey_Edu（展示光線在旋轉黑洞附近軌跡的免費教育軟體；此網站也提供了在未來將用 VLBI 技術觀測黑洞剪影的計畫連結）https://odysseyedutaiwan.wordpress.com/

6. Virtual Trips to black holes and neutron stars（想像在黑洞或是中子星附近旅行時會如何呢？）http://apod.nasa.gov/htmltest/rjn_bht.html

7. Relativity visualized Space Time Travel（許多關於相對論效應的有趣影片）http://www.spacetimetravel.org/

8. "Black Holes and Time Warps: Einstein's Outrageous Legacy", by Kip Thorne (W. W. Norton & Company 1994).

9. "Dark stars: the evolution of an idea" by W. Israel in "Three hundred years of gravitation" eds. S. W. Hawking and W. Israel (Cambridge University Press 1987).

10. 卜宏毅（2015），〈窺視黑洞的身影〉，《台北星空》，69 期，頁 16-22。更多關於黑洞剪影的介紹：http://tamweb.tam.gov.tw/v3/attach/File/no69/no69p16-22.pdf。

4 重力波與數值相對論

參考資料

1. GWIC, the Gravitational Wave International Committee, https://gwic.ligo.org/

2. LIGO Scientific Collaboration, http://www.ligo.org/

3. eLISA Gravitational Wave Observatory, http://www.elisascience.org/

4. KAGRA, http://gwcenter.icrr.u-tokyo.ac.jp/en/

5. Einstein Telescope, http://www.et-gw.eu/

6. Curt Cutler, Kip S. Thorne, An Overview of Gravitational-Wave Sources, http://arxiv.org/abs/gr-qc/0204090

7. Kip Thorne, Gravitational radiation, in Three hundred years of gravitation, edited by S. W. Hawking, W. Isreal (1987).

8. O. Aguiar , The Past, Present and Future of the Resonant-Mass Gravitational Wave detectors, http://arxiv.org/abs/1009.1138

9. Kent Yagi, Naoki Seto, Detector configuration of DECIGO/BBO and identification of cosmological neutron-star binaries, Phys. Rev. D83 (2011) 044011.

10. Christopher J. Moore, Robert H. Cole and Christopher P. L. Berry, Gravitational-wave sensitivity curves, Classical & Quantum Gravity 32 (2015) 015014.

11. Pau Amaro-Seoane et al., eLISA: Astrophysics and cosmology in the millihertz regime, http://arxiv.org/abs/1201.3621

12. K. L. Dooley, T. Akutsu, S. Dwyer, P. Puppo , Status of advanced ground-based laser interferometers for gravitational-wave detection, http://arxiv.org/abs/1411.6068

13. Mark Hannam and Ian Hawke, Numerical relativity simulations in the era of the Einstein Telescope, Gen. Rel. Grav. 43 (2011) 465, http://arxiv.org/abs/0908.3139

14. B. Sathyaprakash et al., Scientific Objectives of Einstein Telescope, Class. Quantum Grav. 29 (2012) 124013, http://arxiv.org/abs/1206.0331

15. Ulrich Sperhake, Black Holes on Supercomputers: Numerical Relativity Applications to Astrophysics and High-energy Physics, Acta Phys. Polon. B44 (2013) 2463.

16. Luciano Rezzolla, Three little pieces for computer and relativity, http://arxiv.org/abs/1303.6464

17. Roman Gold et al., Accretion disks around binary black holes of unequal mass: GRMHD simulations of postdecoupling and merger, Phys. Rev. D 90, 104030 (2014).

延伸閱讀

1. Kip S. Thorne, Black Holes and Time Warps: Einstein's Outrageous Legacy (W. W. Norton & Company, 1995).

2. Alexandra Witze, Physics: Wave of the future, Nature 511 (2014) 278.

3. Stuart L. Shapiro, Numerical Relativity at the Frontier, Prog. Theor. Phys. Suppl. 163 (2006) 100.

4. B.S. Sathyaprakash, B.F. Schutz, Physics, Astrophysics and Cosmology with Gravitational Waves, Living Rev. Relativity 12 (2009) 2, http://arxiv.org/abs/0903.0338

5. Joan M. Centrella, John G. Baker, Bernard J. Kelly, James R. van Meter, Black-hole binaries, gravitational waves, and numerical relativity, Rev. Mod. Phys. 82 (2010) 3069.

6. Bernard F. Schutz, The art and science of black hole mergers, http://arxiv.org/abs/gr-qc/0410121

7. Naseer Iqbal and Showkat Monga, Gravitational Waves: Present Status and Future Prospectus, Natural Science 6 (2014) 305.

8. Jordan B. Camp, Neil J. Cornish, Gravitational wave astronomy, Annu. Rev. Nucl. Part. Sci. 54 (2004) 525.

9. G. Allen et al., Solving Einstein's equations on supercomputers, Computer 32 (1999) 52.

10. 游輝樟（2004），〈重力波偵測〉，《物理》雙月刊，26 卷 5 期，頁 695。

6 時間、廣義相對論及量子重力

1. S. Weinberg, Gravitation and Cosmology, J. Wiley & Sons, N. Y. (1972).

2. P. A. M. Dirac, Proc. Roy. Soc. A246, 333 (1958).

3. R. L. Arnowitt, S. Deser and C. W. Misner, Phys. Rev. 116, 1322(1959).

4. J. A. Wheeler, Superspace and the nature of quantum geometrodynamics, in Battelle Rencontres, edited by C. M. DeWitt and J. A. Wheeler (New York: W. A. Benjamin, 1968).

5. Bryce S. DeWitt, Phys. Rev. 160, 1113(1967).

6. Chopin Soo and Hoi-Lai-Yu, General Relativity without the paradigm of space-time covariance and resolution of the problem of time, Prog. Theor. Phys, (2014) 013E01; Niall O'Murchadha, Chopin Soo and Hoi-Lai Yu, Intrinsic time gravity and the Lichnerowicz-York equation, Class. Quantum Grav. 30 (2013) 095016.

國家圖書館出版品預行編目 (CIP) 資料

相對論百年故事 / 余海禮等著 . -- 二版 . -- 臺北市 : 大塊文化 , 2017.10

　　面 ；　　公分 . -- (from ; 111A)

ISBN 978-986-213-831-1(平裝)

1. 相對論 2. 文集

331.207　　　　　　　　　　　　　　　　　106016086

LOCUS

LOCUS

LOCUS

LOCUS